JN059122

見つける数学

大野寛武［著］

北村みなみ［キャラクターイラスト］

東京書籍

見つける数学

見つける数学

はじめに

HAJIMENI

ルーロー

数学といえばぼく。ずっと教科書の中にいたけど、ついにガマンできずに飛び出した。ところでみんな、「ルーローの三角形」は知ってる？　日本全国、いっしょに転がっていこう！

はるか

たとえば海の波や空の雲、動物や植物のかたち。自然の造形って、すごいよね。ぐっと来るよね。しかもその形が数学的に説明できたりしたら……たまらないかも？

ひろと

出かけるなら、いろいろな街に行ってみたい。人の作ったものや、暮らし方に興味があるんだ。数学の目で見てみたら、もしかして、もっと楽しめるのかな？

ゆうな

建物を見るのが好き。ビルや橋みたいな、大きい建造物もいいよね。どんな仕組み？　構造はどうなってるの？　って考えるのもおもしろい。ルーロー、いろいろ教えて！

そうた

山っていいよね。空気がきれいだし、歩いていると、いろいろな考えがわくし。遠くの山をながめるだけってのも、いいんだよね。そうだ。数学も、山で考えるのはどう？

はぁ…
夏休みの宿題
なかなか
終わらないね…
早くどこかに
出かけたいよ〜！
数学って机で
問題を解くだけで
つまんないよな〜
……と
ないよ…
ん？

そんなこと
ないよーっ！

ルーロー

わ〜っ

ほんとかな～？

例えば…　みんな
この夏休みは
どこへ行きたい？

私は
自然の不思議に
触れてみたい！

はるか

ぼくは
人が集まる
にぎやかな場所へ
行きたいな～

ひろと

ぼくは
山でのんびり
過ごしたい！

そうた

私は
素敵な建物を
たくさん
見物したーい！

ゆうな

ふむふむ…
よし！

ジャーーーン
今からぼくと
日本中へ
お出かけだ！
楽しみながら
数学を
見つけちゃおう！
フフン…
やったー！
ルーロー
太っ腹！
あの中に入るの？
大丈夫かな〜
まずは
ゆうなさん！
いってらっしゃーーい
岡山県倉敷市へ
レッツゴー！

MITSUKERU SUGAKU

もくじ

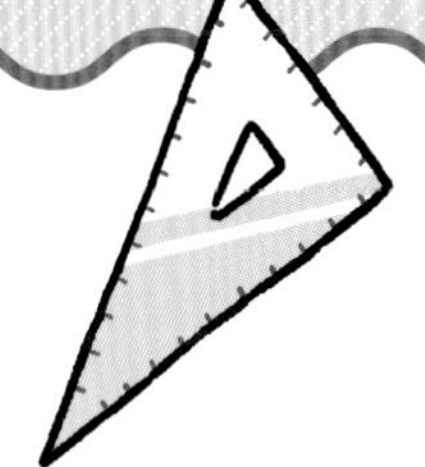

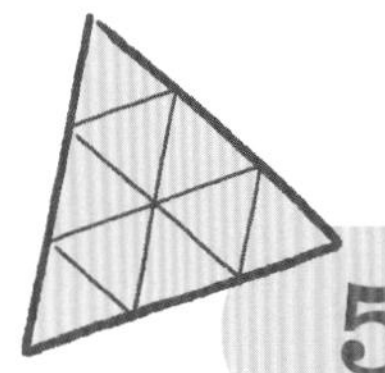

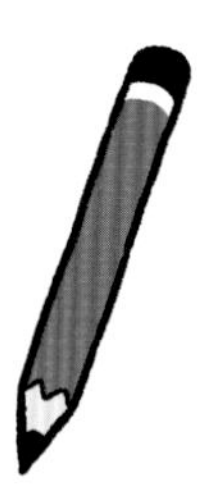

1 こんもりなまこ壁

#図形の移動　#しきつめ模様

倉敷美観地区

ゆうな

白と黒の壁が、スッキリくっきり！　向こうまでずっときれいな建物が続いていて、なんだか別の時代に来たみたい。

江戸時代のような街並みだね。よーし！ゆうなさん、もっと近くで見てみよう。

ルーロー

岡山県倉敷(くらしき)市の「倉敷美観地区(くらしきびかんちく)」に来ています。白い壁の建物が並んで、まさに「美観」。着物で歩いている人もいるよ。

しっとりした街の雰囲気(ふんいき)に、確かに着物がぴったりだ。壁の白い部分は漆喰(しっくい)、黒い部分は瓦(かわら)だよ。漆喰の白は、本当に美しいね。

へえぇ。近くで見ると、ずいぶんたっぷりと漆喰が盛られているんだね。ぽってり盛り上がって、カマボコみたい。

うん。こんもりだ。こういうふうに作られた壁は「なまこ壁」と呼ばれるんだけど、それは、盛り上がりが海にいるナマコに似ているからなんだって。

ふふふ。カマボコもナマコも食べられるね。

本当だね。ところで食べ物といえば、こんなふうに正方形の瓦が縦も横も一直線にしきつめられた張り方は「いも張り」というんだ。どうしてだと思う？

イモといえば、サツマイモかな？　でも形も違(ちが)うし、どういうことだろう。

なんと、サツマイモの根っこが、こんなふうに規則的に生えるからなんだって。

うわぁ、そんなこと知らなかった。でも、おもしろい由来だね。

一段ごとに少しずらした、こんな張り方もあるよ。こちらは「馬乗り張り」。

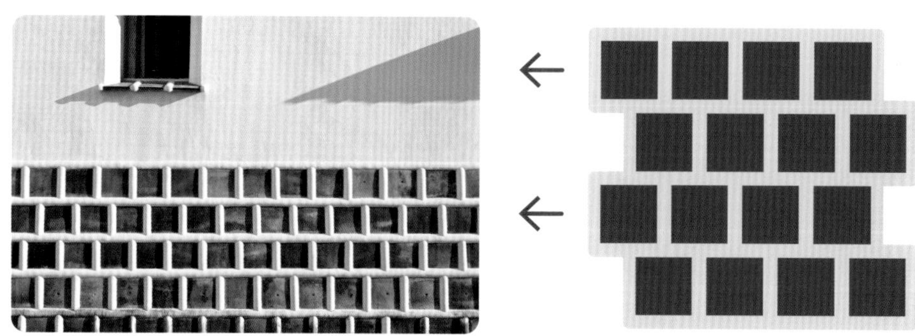

あっ、これは人が馬にまたがっている感じかな。パッパカ、パッパカ。いも張りよりは、ピンと来るよ。
あっちには、ひし形みたいなデザインもあるね。最初のいも張りを、45°回転させた形だ。

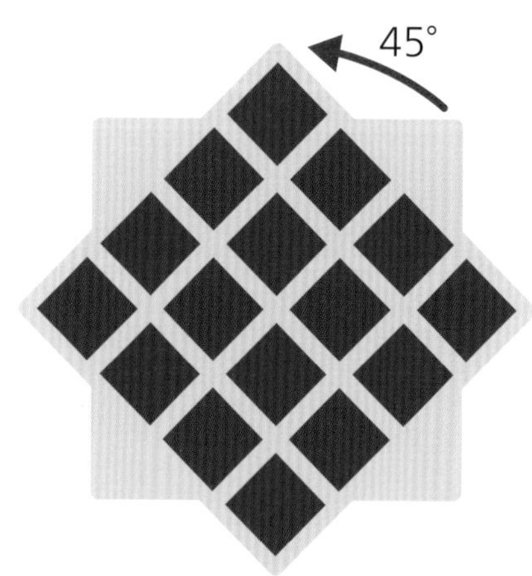

するどいね！　それは「四半張(しはんば)り」というんだ。一直線、つまり180°の$\frac{1}{4}$が45°だから、「四半」というらしいよ。さて、ここまでは正方形の瓦がいろいろに並べられていたけど、なまこ壁に使う瓦には、こんな形もあるんだ。

ん？　どこかで見たことがある。地図記号だったっけ。銀行かな？

さすがだね！　これは、「分銅(ふんどう)」という形なんだ。江戸時代に今の銀行のような仕事をしていた「両替商(りょうがえしょう)」では、この分銅を使って、銀貨の重さを測っていたんだって。だから、銀行の地図記号になったんだ。

でもルーロー、この分銅をぴったりしきつめるのは、無理じゃないかな。隙間(すきま)ができちゃうでしょう。どうやって、なまこ壁にするんだろう。

ゆうなさん、もしうまく並べられたら、お金持ちになれるかもしれないよ！　この形で作った模様は「分銅つなぎ」といって、縁起がいいとされているんだ。ヒントは「同じ向きに並べるとは限らない」。よーし、がんばって！

うーん。分銅の形には、外向きの曲線と、内向きの曲線があるよね。……あれ？　そうか、それを互い違いに合わせてみたらどうかな？　縦・横・縦・横と、90°ずつ回転させて、しきつめていく。

いいね。大正解だよ！　ゆうなさん。

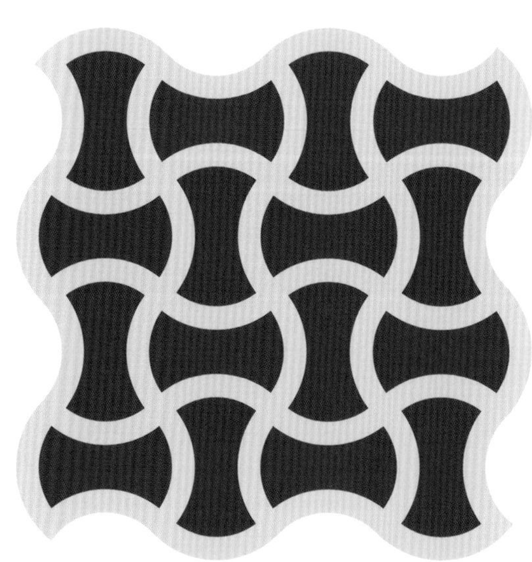

［発展］数学のポイントを深掘り

#小5算数（図形のしきつめ）　#中1数学（図形の移動）　#エッシャー

形や大きさを変えない図形の移動では、「平行移動」「回転移動」「対称移動」の3種類が大切です。図のように、△ABCを△A'B'C'に移動させた場合、それぞれの移動について確認しましょう。

A
B
C
A'
B'
C'

平行移動：図形を一定の方向に、一定の距離だけ動かす移動
→ AA'//BB'//CC'、AA' = BB' = CC'

平行移動は、方向と距離を決めて動かしているね。△ABCは→の向きに→の長さだけ動かすと△A'B'C'になるってことだよ。

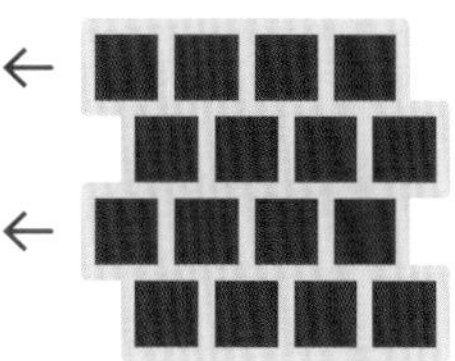

馬乗り張りも、平行移動と考えると、元の図形は……。

回転移動：ある点を中心として、図形を一定の角度だけ回転させる移動
→ 点Oは回転の中心、
∠AOA' = ∠BOB' = ∠COC' = 回転角

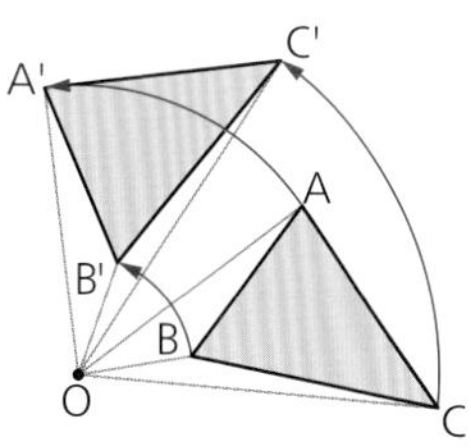

回転移動は、回転の中心と回転する角度を決めて動かしているね。この図では△ABCを点Oを中心に、矢印の向きに回転させると△A'B'C'に重なるね。

四半張りは、まさに回転移動だね！
回転の中心が見えてきた〜。

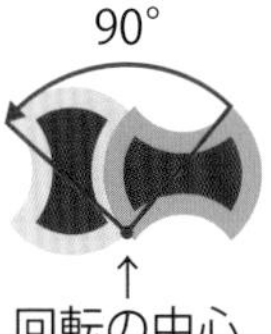

［発展］数学のポイントを深掘り

対称移動：図形をある直線を折り目として折り返す移動

➜ 直線ℓは対称の軸（じく）、AA'⊥ℓ、BB'⊥ℓ、CC'⊥ℓ

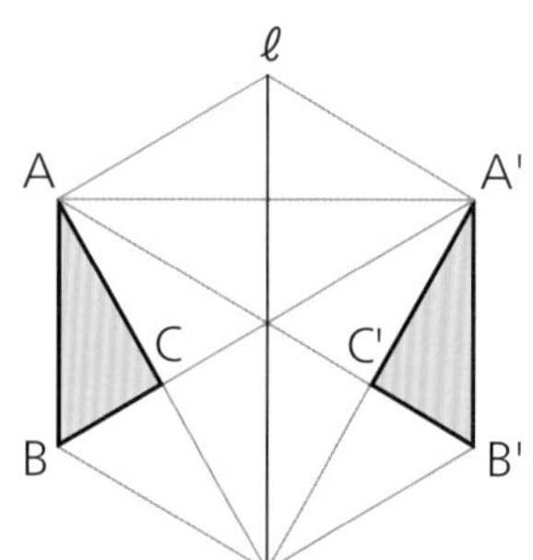

△ABCは、直線ℓで折り返すと△A'B'C'に重なるね。折り目となる直線を決めて動かしているんだね。

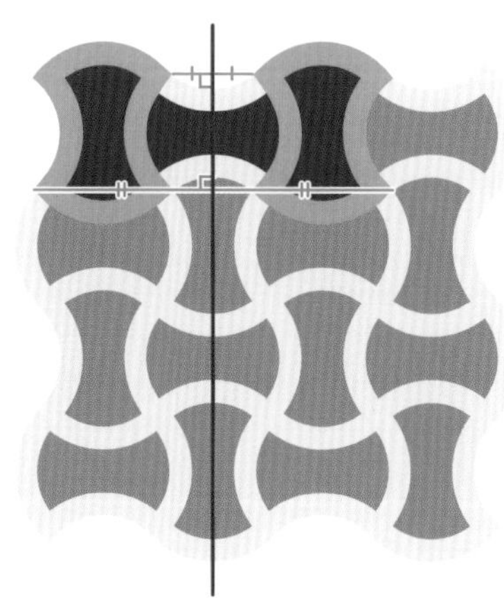

これも考えてみよう！

身の回りには、図形の移動から作られたものがたくさんあります。たとえば、都道府県章のなかにも多くの移動が見つけられます。有名なエッシャーの絵も、図形の移動を使って描（えが）かれているものが多くあります。身近なところに隠（かく）れている移動を見つけてみましょう。

こんな場所もあるよ

模様のヒントは、竹細工

2 富士山を測るには?

#相似な図形

山梨県立富士山世界遺産センター

宙に浮かぶ富士山だ。やっぱり、きれいな形をしているね。

そうた

こんな角度から富士山を見るなんて、考えたこともなかったよ。この模型、本物の富士山と比べると、どれくらいの大きさなんだっけ。

ルーロー

ここは、「山梨県立富士山世界遺産センター」。いやぁ、やっぱり富士山は大きくて気持ちがいいな。……と言っても、これは本物じゃなくて、なんと和紙でできた模型なんだけどね！

全方位から富士山を見ることができる、巨大オブジェだよ。名前は「富嶽三六〇」。

大きさは、本物の富士山の$\frac{1}{800}$なんだって。周りを歩いたり、下から見上げたり、見たことのない角度から富士山が見られるね。不思議だな。

そうだ、そうたさん。富士山の頂上の、火口の大きさは知ってる？　1周が約3000m なんだ。

つまり、約3km？　思ったよりも大きいな。歩いたら、結構時間がかかりそうだ。

富士山頂の「お鉢巡り」といって、90分から2時間くらいの道のりだよ。この「富嶽三六〇」の火口部分なら、1周はどれくらいの長さになるかな？

$\frac{1}{800}$の模型だから、ここは相似の出番だね。

$$3000\times\frac{1}{800}=3.75$$

だから、3.75mだね。うん。実際の「冨嶽三六〇」を見ても、確かにそれくらいの大きさだ。

バッチリだ。模型になると、大きさや形の感覚もつかみやすいよね。この「冨嶽三六〇」はおよそ1500mより上の富士山を模したオブジェなんだ。模型のふもと部分、つまり富士山の中腹（ちゅうふく）を1周すると、どのくらいの距離（きょり）になるか、考えてみる？「冨嶽三六〇」の横幅（よこはば）は15mだって。

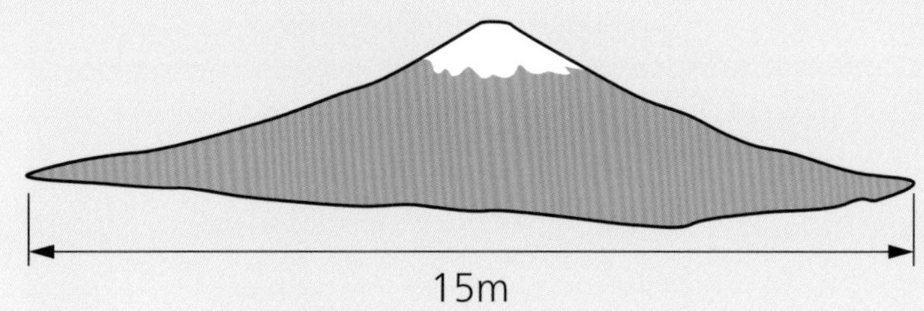

今度は、逆に模型の方から考えてみるんだね。模型の富士山の下の部分は、直径15mの円だと考えればいい。
そうすると、1周は

$$15\times3.14=47.1$$

だから、47.1mだね。
実際の富士山での距離は、この800倍になる。

$$47.1\times800=37680$$

37680mで、約38kmだ。

そう、約38km。なかなかの長距離だね。相似をうまく使うと、実際には測りにくいものの大きさや距離も、簡単に知ることができるね。
よーし！　じゃあそろそろ、途方もなく大きな実際の富士山を見に行こう！

［発展］数学のポイントを深掘り

#小5算数（拡大図と縮図）　#中3数学（相似な図形）

1つの図形を、形を変えずに一定の割合に拡大・縮小した図形は、もとの図形と「相似」であるといいます。
たとえば、次の図のように点Oを中心に△ABCとそれを3倍に拡大した△A'B'C'では、対応する辺の長さや角の大きさに次のような性質があります。

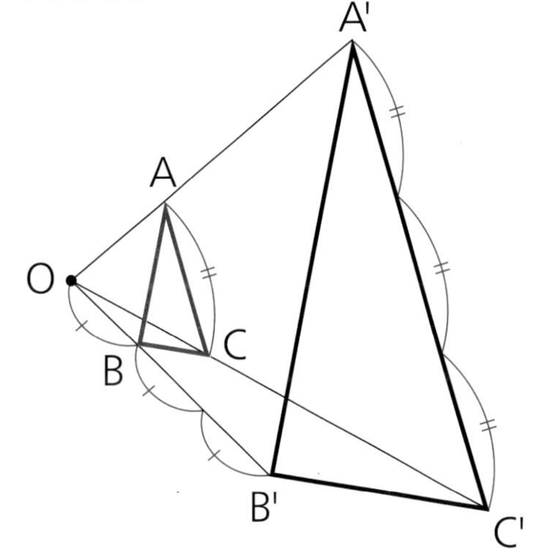

AB：A'B'＝BC：B'C'＝CA：C'A'＝1：3

∠A＝∠A'、∠B＝∠B'、∠C＝∠C'

また、OA：OA'＝OB：OB'＝OC：OC'＝1：3

△ABCと△A'B'C'が相似であることは記号を使って、△ABC∽△A'B'C'と表したね。

△ABCと△A'B'C'の相似比は「1：3」、点Oは「相似の中心」だよ。

［発展］数学のポイントを深掘り

たとえば、△ABCを$\frac{1}{2}$に縮小した△A'B'C'は右の図のようになります。
このとき、△ABCと△A'B'C'の相似比は1：$\frac{1}{2}$となります。

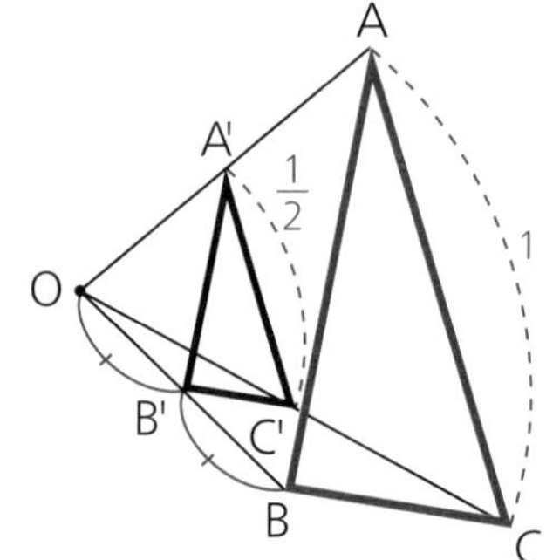

縮小した図形の辺の長さから、もとの図形の辺の長さを求めるには、$\frac{1}{2}$の逆数の2をかければいいね。

「富嶽三六〇」は、富士山の$\frac{1}{800}$の大きさだから、
富士山と「富嶽三六〇」の相似比は1：$\frac{1}{800}$ということだね。
「800：1」にもなるよね。

これも考えてみよう！

相似の関係を使うと、もとの大きさを求めることができるだけでなく、実測せずに遠くにあるものの大きさを求めることができます。
また、相似の考えをもとにさまざまなことが考えられます。たとえば、「巨大なお金に会える場所」では、大きな銭形砂絵の価値は、もしお金だとしたらいくらになるのかを相似の考えを利用して求めています。

こんな場所もあるよ

巨大なお金に会える場所

3 絶壁（ぜっぺき）のような坂道

#1次関数　#直線の傾き

MITSUKERU SUGAKU

江島大橋（えしまおおはし）

ひろと

この写真を見て、ルーロー。すごい坂道だよ。車が壁（かべ）をよじ登っていく。本当に、こんな場所があるのかな。

不思議だけど、これは実際の写真なんだよ。よーし！　こんなときこそ、その場に行ってみなくっちゃ。

ルーロー

というわけで、ここは島根県。さっき写真を見てびっくりした「江島大橋(えしまおおはし)」は、島根県松江(まつえ)市と鳥取県境港(さかいみなと)市とを結ぶ橋なんだね。確かに、すごく高い橋だ。でも、写真ほど急な坂には見えないな。

この橋の下は「中海(なかうみ)」という湖だよ。高さのある大型船を通すために、橋も高く作ってあるんだ。橋の最高点は水面から44.7mの高さで、そこへ上るための坂の勾配(こうばい)は、設計図によれば「6.1%」。つまり、水平に100m進む間に、6.1m高くなる坂だということだね。

1次関数に出てきた「直線の傾(かたむ)き」で考えると

$$\frac{6.1}{100}=0.061$$

になるね。これ、角度はどれくらいなのかな？

いい視点だよ、ひろとさん。こんなときこそ、実際にかいてみなくっちゃ。

なるほど。図にすればいいね。底辺100mm、高さ6.1mmの直角三角形をかいて、分度器で測ってみるよ……うん。角度は、3.5°くらいだ。

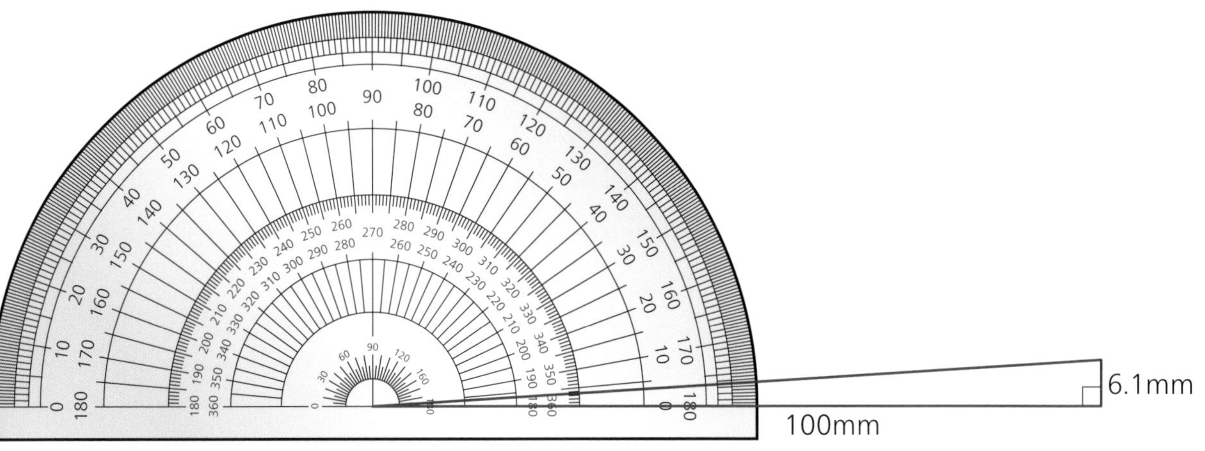

でもルーロー、たった3.5°なのに、最初の写真は絶壁みたいに見えたよ？

実は、写真の撮り方が決め手なんだ。同じ長さのものでも、手前のものは長く、奥のものは短く見えるから、遠近感をつかめるんだ。だけど、遠くから望遠レンズで撮影すると、手前のものも奥のものも同じ大きさに見えるんだ。

へえ。普段（ふだん）「距離（きょり）が離（はな）れると、小さく見える」と思っているから、逆に、坂の入口と坂の頂点の道幅（みちはば）が同じ長さに見えると、2つの地点の距離はそれほど離れていないように感じる。だから、絶壁に見えるのか。

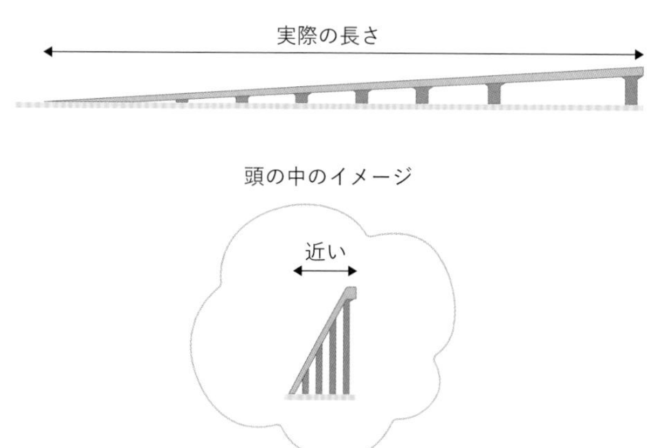

そういうこと！　ここから3km離れたところに、いい撮影ポイントがあるらしいよ！

［発展］数学のポイントを深掘り

#中2数学（直線の傾き）

直線の傾きを表す方法の1つが「角度」ですが、道路の場合は一般的に「%」で表します。これは水平に100m進むとき何m高さが変わるかという数値です。たとえば、右のような「20%」の道路標識は、水平に100m進むと20m上がる斜面（しゃめん）を示しています。

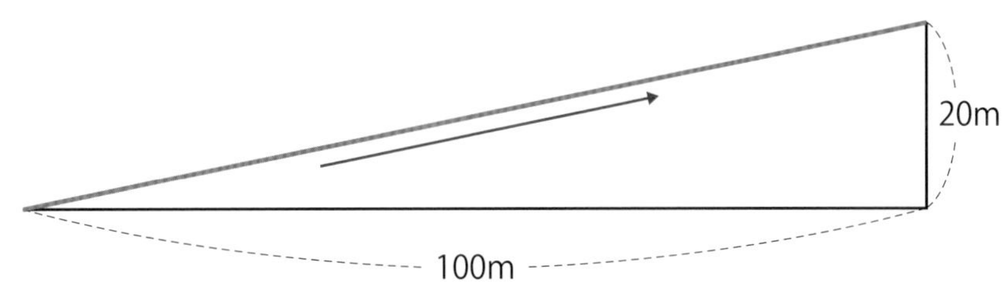

直線を表す関数といえば、1次関数$y=ax+b$です。たとえば、1次関数$y=\frac{1}{5}x+2$のグラフでは、右へ1だけ進むと上へ$\frac{1}{5}$だけ進みます。この場合「傾きは$\frac{1}{5}$」といい、これは1次関数$y=ax+b$のaの値です。この1次関数の傾きを道路の傾きとして考えると、5m進むとき高さは1m変わる、といえます。つまり、100m進むとき高さは20m変わるので、このグラフの傾きは「20%」となります。

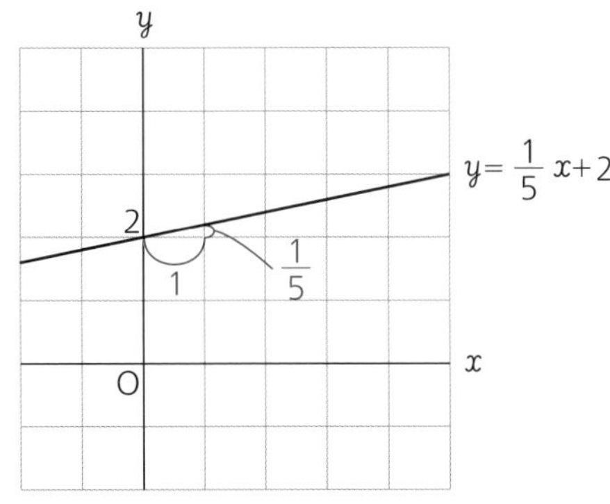

［発展］数学のポイントを深掘り

#中2数学（直線の傾き）

奈良県と大阪府の境にある国道308号の暗峠（くらがりとうげ）は、日本の国道で最も急勾配な坂として有名です。その最大勾配は約40%、角度としては約20°です。
傾きが40%の場合、100m進むと高さが40m変わります。次の写真を1次関数のグラフで考えると、右へ1だけ進むとき、下へ0.4だけ進むことを表します。つまり、1次関数のグラフの傾きは－0.4であるとわかります。

これも考えてみよう！

道路の傾きを数で表すことで、どれくらいの傾きかを明確にすることができます。このほかに、傾きを表す単位に、‰（パーミル）があります。3‰は1000m横に進んだときに縦に3m上がる（もしくは下がる）傾きを表しています。日本の普通鉄道の場合は、35‰の傾きが上限になっています。

4 頭の上を泳ぐクジラ？

#投影図

大阪市立自然史博物館

はぁ～。クジラは大きいねぇ。ゆったり泳ぐクジラをお腹の下からのぞくなんて、初めて。

はるか

泳いでいるといっても、骨だけどね！
ところで、はるかさん。クジラの骨の、下の床も見てみて。何か、かいてあるよ。

ルーロー

「大阪市立自然史博物館」にやってきました。入口に、すごく大きなクジラの骨がぶら下がってる。

大阪湾に流れ着いたクジラの標本だよ。一番大きなナガスクジラは、なんと全長19mだって。
はるかさん、さっきからずっと上を見上げているけど、首に気をつけてね。ちょっとだけ、床の方も見てみたら？

床？　……あっ、床にもクジラの形がかいてある。これなら、クジラたちの大きさが、もっとわかりやすいね。

そうそう。生きて泳いでいたときのクジラに真上から光を当てた、その影(かげ)と考えてもいいね。こういう図のことを「投影図(とうえいず)」というんだ。真上から見た図なら「平面図」、正面から見た図なら「立面図」だよ。

これは真上から見た図だから、平面図だね。頭の上を泳ぐクジラの影が、海底に落ちているみたい。ナガスクジラ、本当に長いなぁ……。

平面図や立面図にすることで、ほかにもいろいろな特徴(とくちょう)が読み取れることがあるよ。よーし！　投影図のおもしろさを知るために、ここでひとつ、シルエットクイズをしてみよう。平面図が円、立面図が正方形、横から見た図が二等辺三角形。さて、この立体はどんな形だと思う？

真上から見た図（平面図）

正面から見た図（立面図）

横から見た図

ええと、ええと……。円と正方形なら、円柱だね。円と二等辺三角形なら、円錐。正方形と二等辺三角形なら、四角錐になるよね。でも、それが組み合わさった立体なんて、ある？　ルーロー、わからないよ〜。

お手上げかな？　正解は、こんな形だよ。

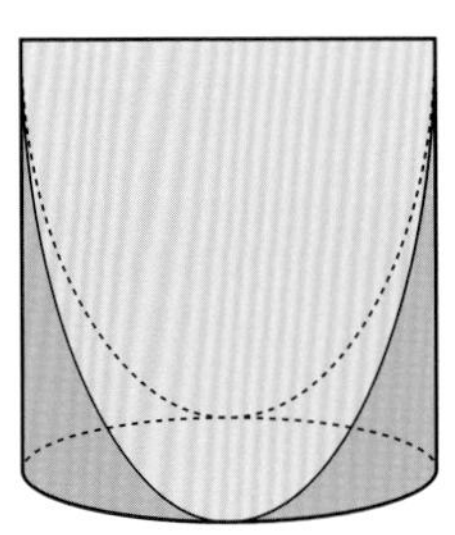

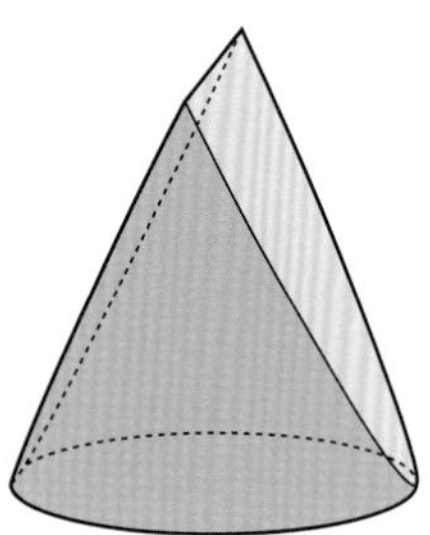

わ！　確かに……真上から見ると円だし、正面から見ると正方形、横から見ると二等辺三角形だ！　コーヒーのドリッパーを逆さにしたような形だね。全然、思いつかなかった。

上から、正面から、横から。物事を、いろいろな角度から分けて見ることのおもしろさだね。さて、入口ですっかり長居をしてしまった。そろそろ博物館に入ろうよ。いろいろな時代の自然の様子が、たっぷり見られるよ！

［発展］数学のポイントを深掘り

#小2算数（箱の形）　#小3算数（円と球）
#小4算数（直方体と立方体・見取図・展開図）　#中1数学（投影図）

立体を平面に表す代表的な方法には「見取図」「展開図」のほかに光を当ててできる影を描（えが）くような「投影図」があります。投影図は、立体を真上から見た平面図と、正面から見た立面図があります。

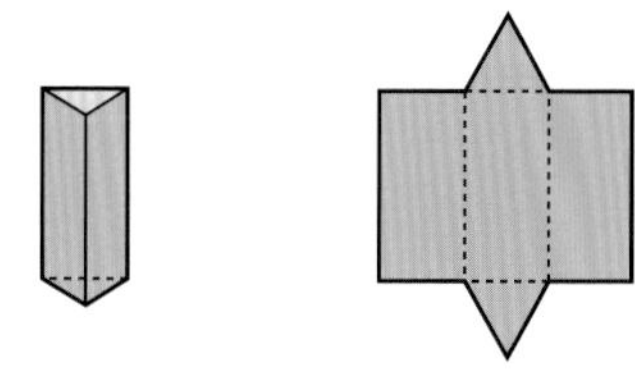

図1：見取図　図2：展開図

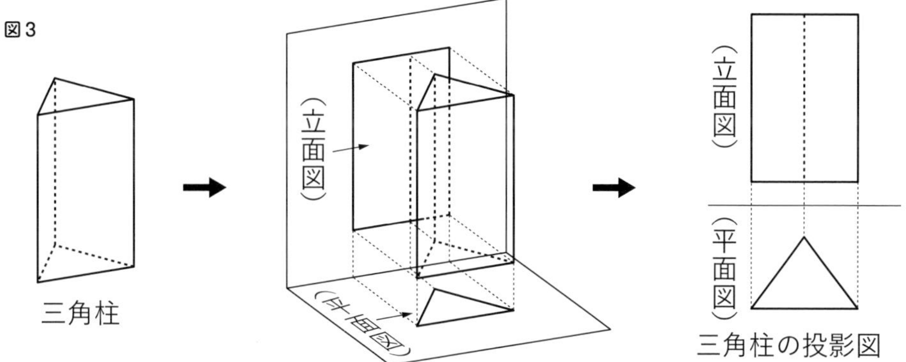

右の図4のような投影図が与えられた場合、もとの立体はどんな形かな。

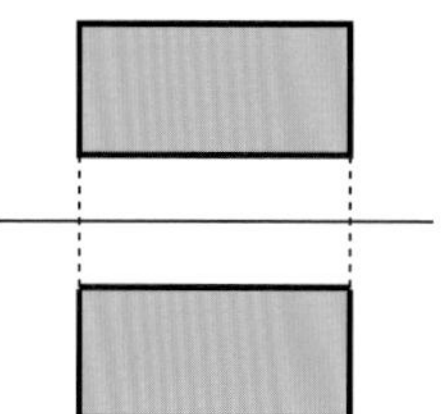

図4

直方体かな？……あれ？円柱かも？

立面図と平面図だけでは、もとの立体を1つの形に決められないことがあります。しかし、図5のように製図で用いられる横から見た側面図を加えた「正投影図」なら、立体の特徴がより詳しく把握できます。これは、製図やデザインなどで用いられる図法です。

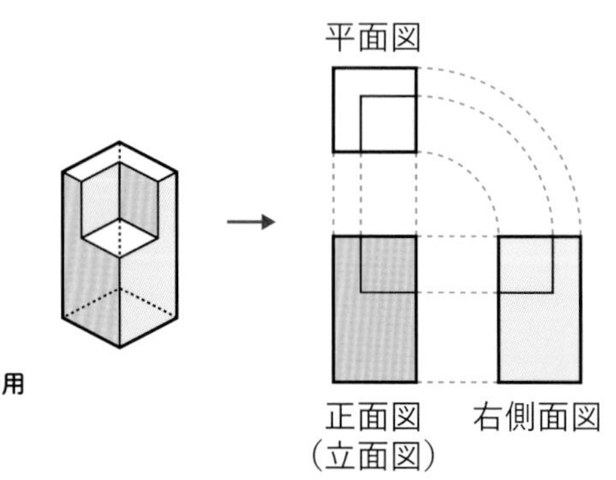

図5：正投影図（日本で用いられている第三角法）

これも考えてみよう！

次の①～③の投影図が表す立体はそれぞれどれかな？　線で結んでみよう。

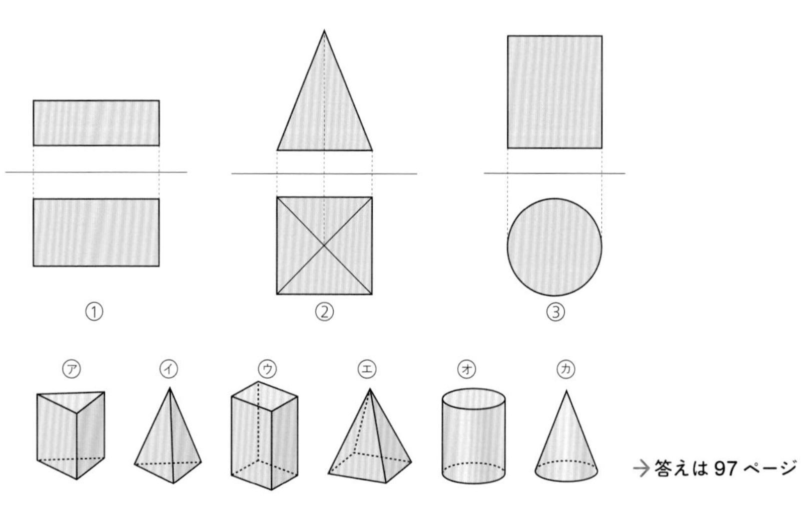

→答えは97ページ

5 昆虫の森のガラス屋根

#文字と式

群馬県立ぐんま昆虫の森

ひろと

きれいな屋根だな。全部が、三角形のガラスでできているよ。

ルーロー

あれは、昆虫観察館。敷地内には、虫取りのできる雑木林や小川もあるんだけど……ひろとさんの興味は、まずガラス屋根なんだね！

今日は、群馬県桐生市にある「群馬県立ぐんま昆虫の森」に来ています。昆虫をテーマにした、体験型の施設だよ。

ガラスドームが見える。屋根がきれいだな。

あれは、昆虫観察館。建築家の安藤忠雄さんが設計したんだ。チョウのいる温室もあるよ。他にも雑木林や田畑、小川と、いろいろな里山の様子が再現されていて、敷地全体がすごく広いんだ。さぁ、どこから行く？

うーん。それより、ドームのガラスは全部が三角形だよ。すごい数だ。いったい、何枚くらいあるのかな？

おおっと。ひろとさんが興味をもつのは、まずそっちなんだね?!

地図アプリで、上空からの写真が探せるんじゃないかな。よし、あった。これで数えられるよ。1段目の三角形は1個、2段目は3個、3段目は5個。規則性がありそうだな……。

国土地理院 Web サイト
（東京書籍で画像トリミング）

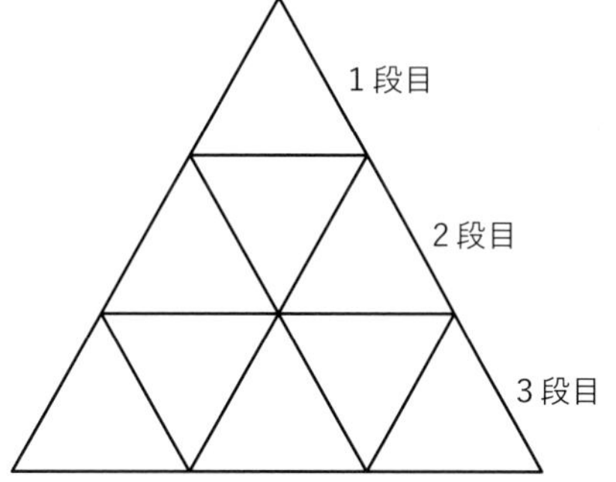

すごいなぁ。どんどん進めていくね。いいぞいいぞ！

こういうときには、表にまとめるとわかりやすそうだね。

段	1	2	3	4	5	6
三角形の個数	1	3	5	7	9	11

三角形の個数は全部が奇数だな。2個ずつ増えていく。

段	1	2	3	4	5	6
三角形の個数	1	3	5	7	9	11

+2　+2　+2　+2　+2

1段目の三角形は1個で、1段増えるごとに2個ずつ増えていくわけだから……

n段目の三角形の個数は

$$1+2(n-1)=2n-1$$

になるよ。

段	1	2	3	4	5	6
三角形の個数	1	3	5	7	9	11

×2−1

やるね！　ところで、「2個ずつ増えていく」のは確かなの？

もちろん、理由も言えなくちゃね。たとえば、2段目と3段目を見てみるよ。2段目は、三角形が3個くっついた台形だ。下の図の、2段目の黄色い部分だね。同じ台形は3段目にもあって、増えたのは青い部分の2個。4段目から先も、青い部分、つまり三角形2個が同じように増えていく……。

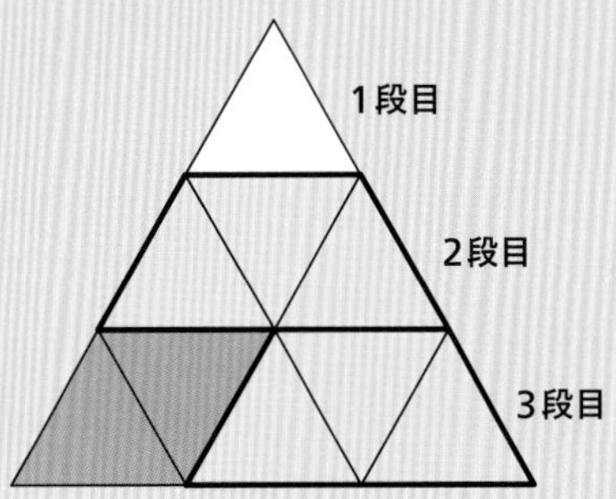

すごい！　バッチリ納得したよ。説明がうまいな、ひろとさん。

えへへ。じゃあ、いよいよ、この建物の屋根の、ガラスの枚数を考えていこうかな。さっきの写真で数えると、三角形の並びは、18段ある。1段目から、2個ずつ三角形が増えていくよ。最後の、18段目の三角形の数は

$$18\times2-1=35$$

だから、35個になるね。

1＋3＋5＋…＋35をコツコツ計算すれば答えは出るけど……これも表にすれば、何か手がかりがつかめるかもしれない。

段	1	2	3	4	5	6
三角形の合計	1	4	9	16	25	36
		↑ 1+3	↑ 1+3+5	↑ 1+3+5+7	↑ ………	↑ ………

2乗

あれ？　もしかして、みんな2乗の数になってる？　本当かな。もしそうなら、n段目までの合計はn^2になるけど。

すごいことに、気づいちゃったね。実は、1から順に奇数を足していくと、その和は必ず2乗の数になるんだ。でもこれ、どうしてだと思う？

ええと、ちょっと待ってね……何か思い出しそう……そうだ、数学者のガウスが小学生だったころの話だ……1から100まで足し算をするときの、やり方だよ。1から100まで足したものと、逆向きに100から1まで足したものを、合計する方法だ。ルーロー、これ使えるよね！

まず、1からn段目までの合計は

$$1+3+5+\cdots+(2n-5)+(2n-3)+(2n-1)$$

これに、逆向きの

$$(2n-1)+(2n-3)+(2n-5)+\cdots+5+3+1$$

を足すと……あっ、項が全部$2n$になった。$2n$がn個あるから

$$2n\times n=2n^2$$

同じものを2つ足しているわけだから、2でわって、n^2になる。

$$
\begin{array}{rccccccc}
 & \cancel{1} & + \cancel{3} & + \cancel{5} & + \cdots + & (2n\cancel{-5}) & + (2n\cancel{-3}) & + (2n\cancel{-1}) \\
+) & (2n\cancel{-1}) & + (2n\cancel{-3}) & + (2n\cancel{-5}) & + \cdots + & \cancel{5} & + \cancel{3} & + \cancel{1} \\
\hline
 & 2n & + 2n & + 2n & + \cdots + & 2n & + 2n & + 2n
\end{array}
$$

n個

つまり、昆虫観察館の屋根に使われているガラスの数は

$18^2=324$

だから、324枚だ！　いやあ、すっきりした。文字式は偉大(いだい)だね、ルーロー！　じゃあいよいよ、ガラス屋根を中からながめに、昆虫観察館に出発だ〜。

［発展］数学のポイントを深掘り

#中1数学（文字と式）　#中3数学（多項式）

1、1＋3、1＋3＋5、1＋3＋5＋7、1＋3＋5＋7＋9、…と連続する奇数の和は1、4、9、16、25、…と、整数を2乗した数「平方数」になります。
このことを、図1のように正方形のブロックをn段積んだピラミッド型の図形で考えてみます。

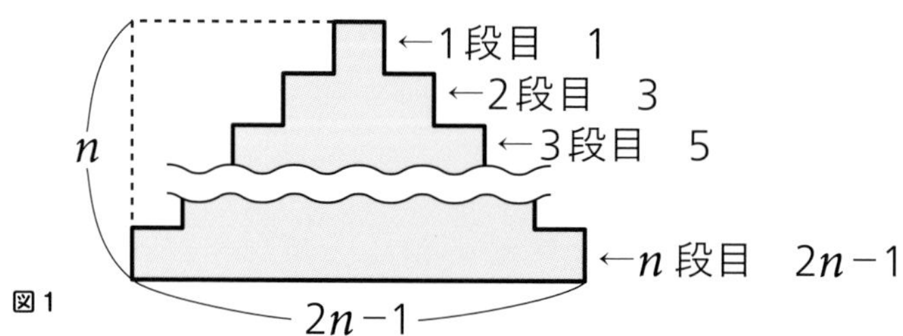

図1

図2では、右側を切って回転させ、左側にくっつけ、正方形にすることでn^2
図3では、左の角を切り取って右の角にくっつけ、三角形にすることで

$$\{(2n-1)+1\}\times n\div 2=n^2$$

図4では、4つのピラミッドをくっつけ、正方形にすることで

$$\{(2n-1)+1\}^2\div 4=n^2$$

どれも、n^2と平方数になっていることが確認できます。

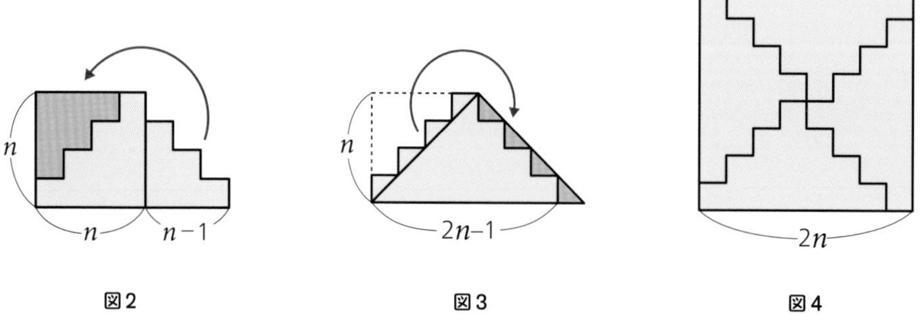

図2　図3　図4

6 アンテナはパラボラ

#関数 $y=ax^2$　#回転体

国立天文台野辺山宇宙電波観測所

そうた

ルーロー

ルーロー：ここは、宇宙のいろいろな電波をキャッチする、観測所だよ。照りつける太陽はもちろん、遠くの星のかすかな電波までガッチリ集めて調べているんだ。

そうた：すごい数のアンテナだ。みんな空を向いてるね。

長野県の野辺山に来ました。ああ、山の空気は素晴らしいね、ルーロー。真っ青な空の下の、白いパラボラアンテナがきれいだなぁ。

空気がおいしいね。ここ「国立天文台野辺山宇宙電波観測所」では、宇宙のさまざまな電波を、たくさんのパラボラアンテナで観測しているんだよ。

さまざまな電波？　宇宙から、電波が飛んでくるの？

この宇宙にあるすべてのものは、電波を出しているんだ。たとえば、今日のいい天気のまま夜が来たら、きっと素晴らしい星空が見える。星が光って見えるのはなぜかというと、その天体が出している電磁波のうち、ぼくたちの目に見える光がここまで届くからだよね。

うん、なるほど。

でも、目でとらえることができる可視光線は、電磁波全体の、ごく一部でしかない。ここでは、さまざまな波長の電磁波をアンテナでとらえることで、宇宙の現象をより深く知ろうとしているんだ。

ぼくたちの目よりもずっと幅広い目で、宇宙を見ているようなものかな。

そう！　そうたさんの言う通りだね。あそこに並んでいるのは、太陽電波を測る望遠鏡（太陽電波強度偏波計）だよ。8台のパラボラアンテナの直径は小さいものが25cm、大きいものは3mもある。太陽から届く電波を調べているんだ。70年以上、続けて観測しているデータもあるんだよ。

なんと、70年！

太陽の長期的な変動を調べるうえで、とても大切なデータなんだ。そして、あの一番大きな電波望遠鏡は、「ミリ波」と呼ばれる電磁波を観測しているよ。アンテナの直径は45mで、同じ種類の電波望遠鏡では、世界最大級の大きさだ。

なんと、45m！　それにしても、パラボラアンテナをこうやって見たときの曲線……。傘を開いた形に似ているような、似ていないような。

大事なところに気づいたね。実はその曲線が、一番のポイントなんだ。あれは、放物線だよ。パラボラアンテナというのは、放物線を回転してできた形なんだ。

へえぇ。つまり、パラボラアンテナの形の立体は、回転体なんだね。回転の軸にそってバッサリ切ると、断面はいつでも放物線！

まさにその通り。そもそも「parabola」というのは、英語で放物線のことなんだ。

ここにあるのは全部「放物線アンテナ」だったんだ。……きっと、わざわざ放物線にしている意味があるんだよね？

するどいね、そうたさん。遠くからやってくる電波や音をパラボラアンテナの正面で受け止めると、放物線で反射して一点に集まるんだ。だから、宇宙の天体からの弱い電波も、ぐぐっと集めて観測できるというわけ！

［発展］数学のポイントを深掘り

#中3数学（関数$y=ax^2$）　#数Ⅲ（2次曲線）

yがxの2乗に比例する関数、$y=ax^2$のグラフは「放物線」と呼ばれる曲線です。野球では「高い放物線を描いてホームラン！」という実況でもおなじみかと思います。この放物線をy軸で回転させた立体を「回転放物面」といいます。

パラボラアンテナの形はこの「回転放物面」です。回転放物面に、図のように平行な光や電波が来ると、面で反射した光や電波は「焦点（F）」と呼ばれる場所に集まる性質があります。逆に、「焦点（F）」から電波を発信すると平行な電波を発信することができます。

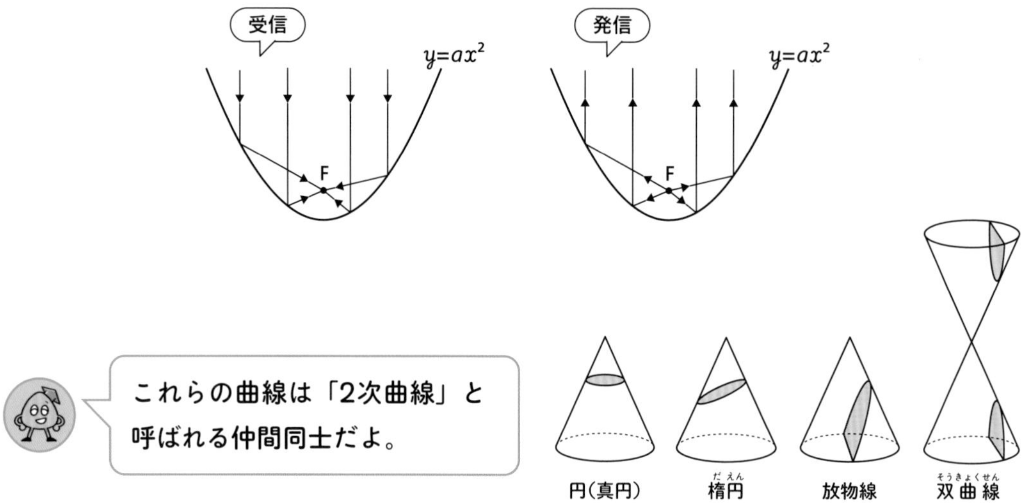

これも考えてみよう！

円錐を切った切断面の2次曲線は円錐曲線とも呼ばれます。それぞれの切り方によって、2次曲線を分類することができます。たとえば、円錐を切断する平面が底面と平行である場合、切り口は円になります。ほかの円錐曲線は、どのような平面で円錐を切断したかを考えてみましょう。

7 札幌の街はまかせて

#座標

さっぽろテレビ塔

よーし、今日は札幌を歩くよ！　この街は、住所の見方さえわかればとっても動きやすいんだ。ひろとさんの行きたいところは、どこだっけ？

ひろと

やっぱり北海道大学は、見てみたいな。さて、どっちの方向かな。

ルーロー

さぁ、街歩きのスタートだ。ひろとさんが見たがっていたのは、北海道大学だね。住所は、どこだったかな。札幌の街は、番地を調べればすぐ場所の見当がつくから、便利だね。

ちょっと待って、ルーロー！　実はそこが、まだよくわからなくて。少し頭を整理してもいいかな。たとえば、あの信号には「北2西4」って書いてあるよね。これは、どういうこと？

あれは「北2条西4丁目」という意味だよ。札幌の街は、大通公園を境に南北、創成川を境に東西に分かれていて、大通公園と創成川の交わる場所が「起点」になっているんだ。起点から北側は北1条、北2条…、南側は南1条、南2条…。

なるほど。東西も同じかな？　「西4」は、「西4丁目」のことだったっけ。ということは、西側が西1丁目、西2丁目…、東側は東1丁目、東2丁目…なんだか座標みたいだ。

その通り。起点が原点、大通がx軸、創成川通がy軸にあたるんだ。まさに座標だね。だから この街では、住所さえ聞けば場所と方角がわかるし、距離（きょり）の見当もつくんだよ。

	↓西３	↓西２	↓西１	創成川通 ↓東１	↓東２	↓東３
北３→	北３西３	北３西２	北３西１	北３東１	北３東２	北３東３
北２→	北２西３	北２西２	北２西１	北２東１	北２東２	北２東３
北１→	北１西３	北１西２	北１西１	北１東１	北１東２	北１東３
南１→	南１西３	南１西２	南１西１	南１東１	南１東２	南１東３
南２→	南２西３	南２西２	南２西１	南２東１	南２東２	南２東３
南３→	南３西３	南３西２	南３西１	南３東１	南３東２	南３東３

起点

大通

なるほど。街の全体像が、少しわかってきたぞ。あれ？　でもここの交差点、こっちの信号は「北3西4」なのに、向こうは「北2西3」になってる。

それに、あっちの交差点の信号は「北2西4」、歩行者用の信号には「北3西3」て書いてあるよ？　同じ交差点なのに、4つの信号の名前が全部違う！　どうなっちゃってるの？

ふふふ。信号には、ブロックの名前が付いているんだ。いまぼくたちがいるブロックは「北3条西3丁目」、向こうは「北2条西4丁目」。だから、同じ交差点でも信号の名前が違うんだよ！

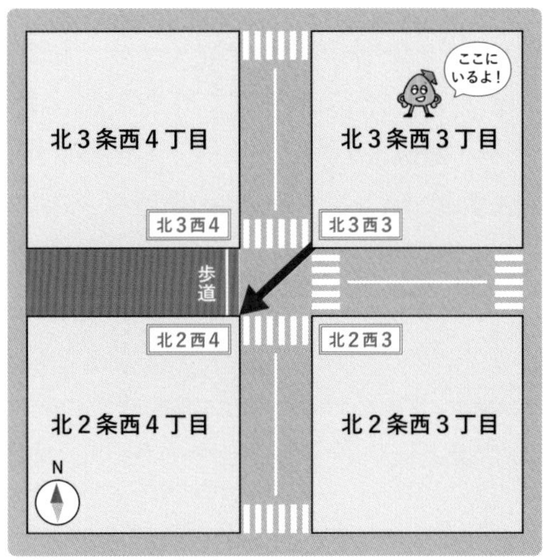

ところで、ひろとさん。この街の起点の近くには、とっても目立つ印があるんだ。「さっぽろテレビ塔（とう）」だよ。住所は、札幌市中央区大通西1丁目。

へえぇ。それを聞いたら、行ってみないわけにはいかないね。うーん、ここからだと北海道大学（北区北8条西5丁目）とは逆だけど、いいよね。今日はたくさん歩こう！

［発展］数学のポイントを深掘り

#小1算数（どこにいますか）　#小6算数（比例・反比例のグラフ）　#中1数学（座標）

碁盤の目のような土地の住所を座標のように表す方法があります。
代表的なものの1つは、古代の墾田などで行われた図1の「条里制」で、札幌と同じように道路で区切られたブロックの位置を北から順に一条、二条、三条…、西から順に一里、二里、三里…とし、「二条三里」のように名付ける方法です。
一方、古代の日本のみやこでは、中国の制度にならって、道路によって区画する「条坊制」が用いられました。たとえば、図2の藤原京では、青龍大路と白虎大路がx軸、玄武大路と朱雀大路がy軸、原点が藤原宮となっていて、「北二条西三坊」のように、交差点に名前を付けています。今も京都市には、条坊制の名残りがあります。

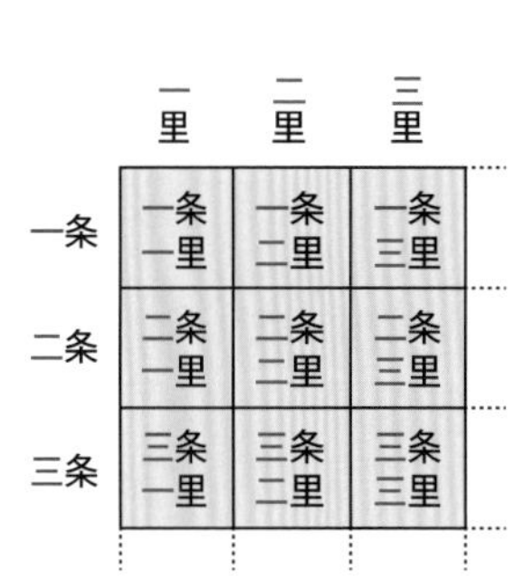

図1：条里制

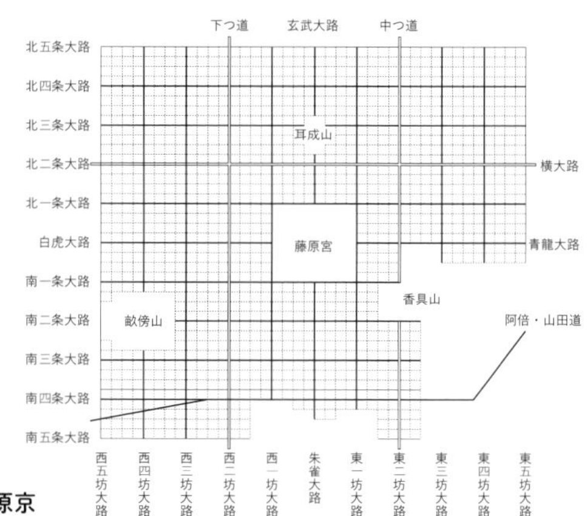

図2：藤原京

これも考えてみよう！

座標のように位置を表す方法は、正確な位置を共有するのに便利です。たとえば、「どっちへ歩く？　人間将棋」では縦と横の数字を使って、駒の動きを指示します。座標の考えは、劇場の座席や、プログラミングのScratchやマインクラフトの座標などにも使われています。

こんな場所もあるよ
どっちへ歩く？　人間将棋

8 夕日をピタリとはめるには

#比例 #相似な図形 #拡大図と縮図

MITSUKERU SUGAKU

円月島（えんげつとう）

はるか

ルーロー、あの岩を見て！　きれいに開いた穴から、向こうの空が見えてる。

本当に、不思議な形だね。どうしてこんな形になったんだろう。穴から、何かをのぞけそうだよ。

ルーロー

ああ、海が真っ青！　ここは和歌山県の白浜です。とにかく、あの穴！　岩に開いた穴が、気になって仕方がないよ。

ここ南紀白浜のシンボルの1つ、「円月島」だよ。横の長さが約130mで、高さは約25m。穴が丸い月みたいに見えるから、円月島と呼ばれているんだ。波に削られて、できた穴なんだって。

海の波には、そんなに力があるんだ！　確かに、月みたいに丸い穴だね。

しかもね。春分や秋分の一時期、ある決まった場所に行くと、あの穴を通して夕日を見ることができるんだ。こんな写真も撮れちゃう。

うわあ、自然のパズルだ。ピッタリはまったね〜！

このあたりから見ると、円月島は太陽が沈む西の方角にあるからね。撮影ポイントには人がたくさん集まって、大にぎわいなんだって。

そうか。ちょうど日が沈む時間に決まった場所にいないと、見られないもんね。撮影ポイントって、どこ？　私も見てみたい！

教えてもいいけど、せっかくだから推理してみる？　ヒントは、五円玉だよ。

ん？　確かに、五円玉にも穴があるけど。

するどいね、はるかさん。こう、腕を伸ばして五円玉を持ってみて。伸ばした腕の先の五円玉の穴を通して夕日を見ると、ピッタリ穴に重なって見えるんだ。ポイントは「五円玉の穴の大きさと、目から五円玉までの距離の比」だよ。これを使えば、円月島から撮影場所までの、おおよその距離がわかっちゃう。

わぁ、本当に穴を使うんだね。まず五円玉の穴の大きさを測ってみるよ。直径は、5mmだ。伸ばした腕の長さは、だいたい50cmだね。50cm離(はな)れた場所から見た夕日の見かけの大きさが5mmになるわけだから、比は100：1だ！

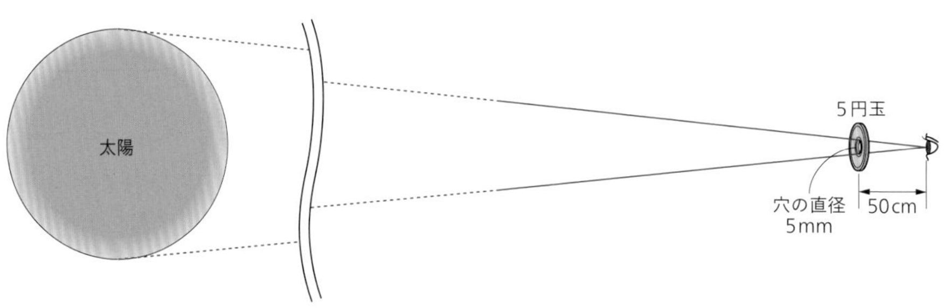

さすがだ、バッチリだよ！　よーし、じゃあ次は、このタブレットを使って、円月島の穴について考えてみようか。円月島の穴は、直径が9mなんだ。この夕日の写真の画面を2本指できゅっと拡大して、穴の大きさが9cmになるようにしてみたらどうかな。

なるほど、画面を大きさ比べに使っちゃうんだね！　穴の直径が9cmになるように拡大すると……夕日の直径、つまり太陽の見かけの大きさは、3.6cmになった。ということは、9mの穴の中に3.6mの夕日が見えていると考えていいね。

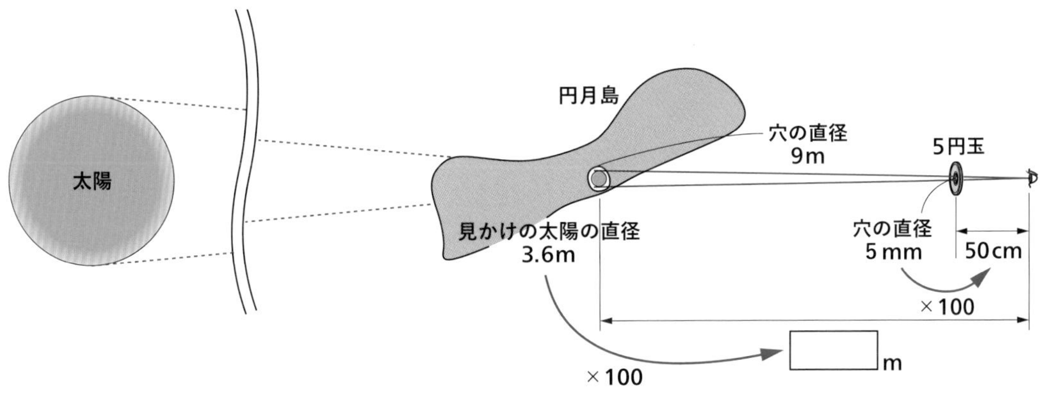

やるね！　はるかさん。それから？

夕日の見かけの大きさと距離との関係は、100：1だったよね。見かけの直径が3.6mだということは、見ている場所と円月島との距離は、100倍の360m！　ルーロー、地図を見てみよう。

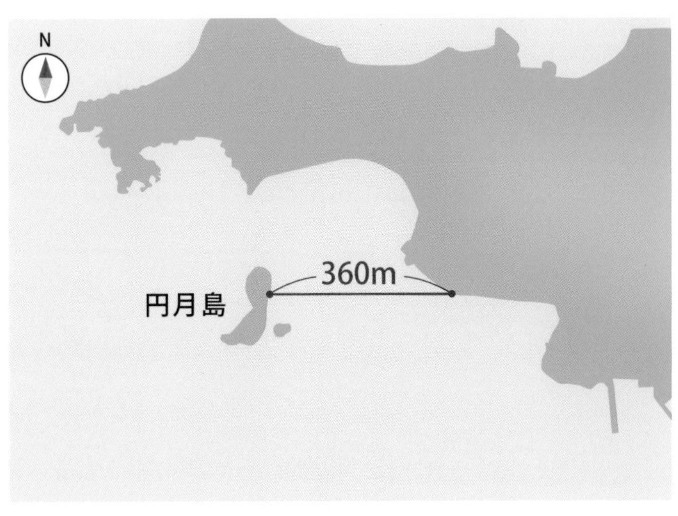

よし、しっかり見ていくよ。西に沈む夕日を見るわけだから、撮影ポイントは円月島の東側だね。この地図でいうと赤い点のあたりが、ちょうど360m地点になる。……あっちだ！

あっ、はるかさん、待って。待ってよ～！

おーい、ルーロー。ここに、防波堤（ぼうはてい）から海岸に降りられる階段がある！　ここで撮影すると、ちょうどいいんじゃないかな？

いや、素晴らしいよ、はるかさん。鮮（あざ）やかな推理だ！

［発展］数学のポイントを深掘り

#小6算数・中1数学（拡大図と縮図）

#中3数学（相似な図形）　#中3理科（日食・月食）

地球から太陽までの距離は約1億4960万km、
太陽の直径は139万2000kmなので、太陽までの距離は太陽の直径の107.5倍です。

一方、地球から月までの距離は38万km、
月の直径は3470kmなので、月までの距離は月の直径の109.5倍です。

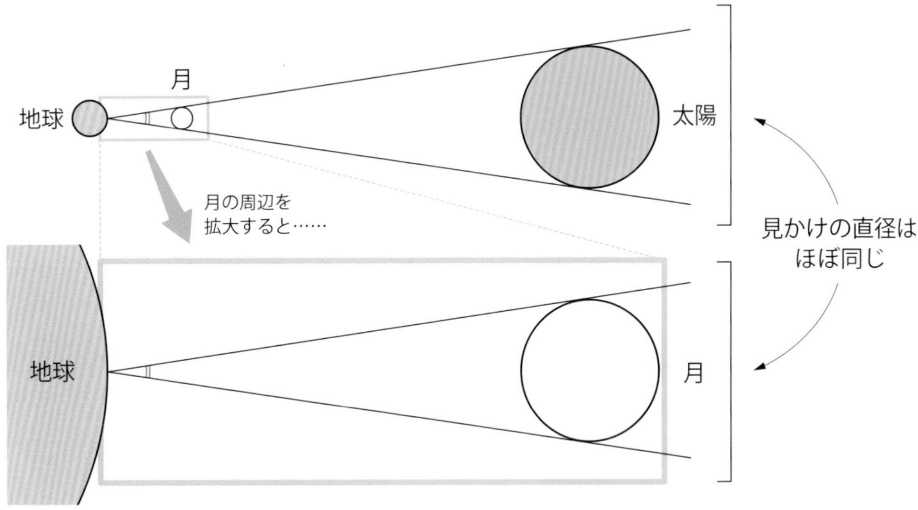

したがって、地球から見た太陽と月の見かけの直径（視直径）は、ほぼ等しいことがわかります。角度はどちらも約0.5°となります。

［発展］数学のポイントを深掘り

地球は太陽の周りを、月は地球の周りを、円ではなく楕円の形で動いています。そのため、太陽や月が大きく見えたり小さく見えたりするような現象が起きます。
地球から見て、月によって太陽が隠される現象を日食といいます。
日食が起こるとき、地球、月、太陽は一直線上に並んでいます。太陽が遠く、月が近いときに日食が起きると、太陽が完全に月に隠れる皆既日食となる場合があります。

皆既日食のしくみ

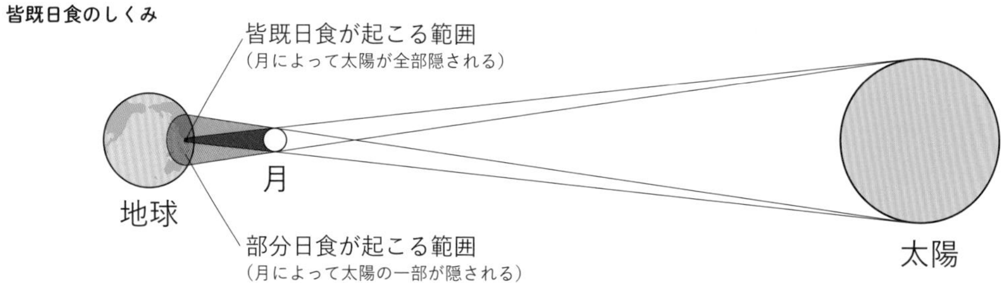

皆既日食

太陽が遠く、月が近いときは、太陽が月に隠れて、皆既日食になる場合がある。

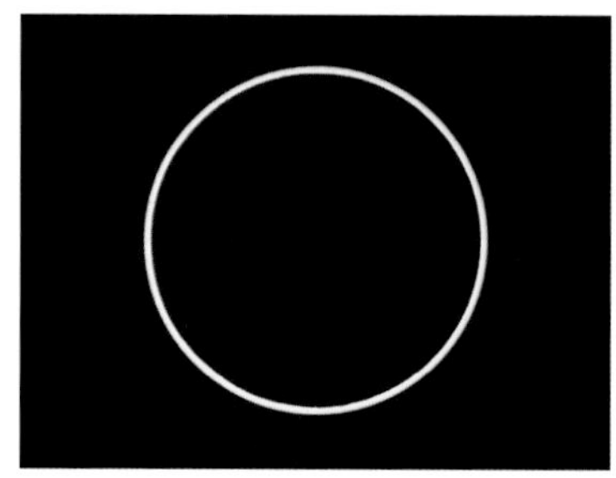

金環日食

太陽が近く、月が遠いときは、月が太陽を隠しきれずに金環日食になる場合がある。

9 空に上(のぼ)っていくタワー

#空間図形 #正多面体

MITSUKERU SUGAKU

水戸芸術館(みとげいじゅつかん)

ゆうな

気になる形のタワーだね。くねくねとねじれて、空へ上(のぼ)っていくみたい。

水戸の芸術館のシンボルだよ。まさに、どこまでも上昇(じょうしょう)するイメージだ。実は、とてもシンプルな図形の組み合わせでできているよ。

ルーロー

ここは、茨城県の「水戸芸術館」。コンサートホールと劇場と現代美術ギャラリーが、いっしょになった施設なんだね。

音楽・演劇・美術の3部門が、それぞれ活動しているんだ。コンサートや舞台、展覧会はもちろん、体験型のワークショップもたくさん開かれているよ。

今日は何をやっているのかな。スケジュールも知りたいけど、ルーロー、私が気になるのは、やっぱりこのシンボルタワーなんだ。

タワーも含めて、この芸術館全体が、建築家の磯崎新さんの設計だよ。水戸市制100周年を記念して作られた建物だから、塔の高さも、ちょうど地上100m。不思議なねじれが、きれいだね。

ねじれながら、空に上っていくみたい。複雑な形だけど、よく見ると正三角形だけでできている？

よく気づいたね。その通り、正三角形のパネルが、なんと57枚も使われているんだ。

正三角形の組み合わせ……ということは、もしかして正四面体や正八面体の仲間だったりして？

さすがだね、ゆうなさん！　このタワーは、まさに正四面体を28個、つなぎ合わせて、できているんだ。つまようじの模型を作ってみたよ。

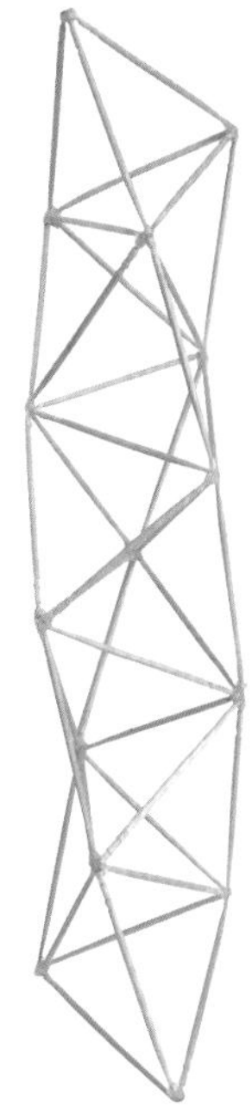

わぁ、ルーローすごい！　模型にすると、わかりやすいなぁ。正四面体をつないだだけで、こんなふうに、きれいにねじれていくんだね。

公式サイトにはペーパークラフトが作れるように展開図が載（の）っているよ。ところでゆうなさん、タワーには展望室があって、ガラス張りのエレベーターで中の様子を見ながら上ることもできるんだけど……。

えーっ？　ルーロー、それを早く言ってよ。よーし！　まず最初は「タワー展望室見学」へ行くよ。ゴー！

水戸芸術館　タワーペーパークラフト　https://www.arttowermito.or.jp/topics/article_40741.html
水戸芸術館シンボルタワー展望室 PV　https://www.arttowermito.or.jp/topics/article_40449.html

［発展］数学のポイントを深掘り

#中1数学（正多面体）

正三角形を4枚貼り合わせると正四面体を作ることができます。また、爪楊枝を6本くっつけることでも正四面体を作ることができます。

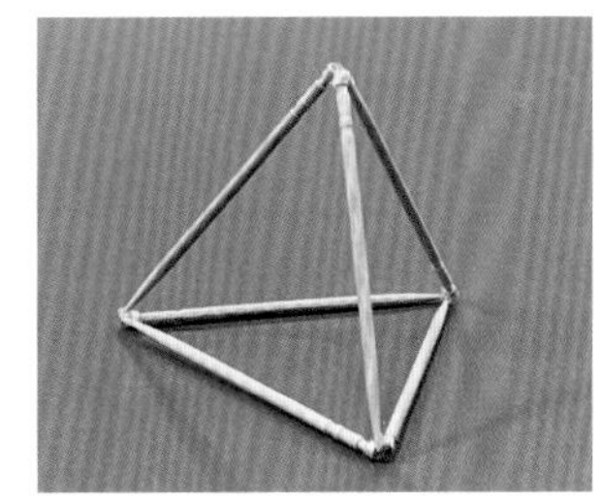

正四面体の展開図はたとえば次の①、②のようになります。

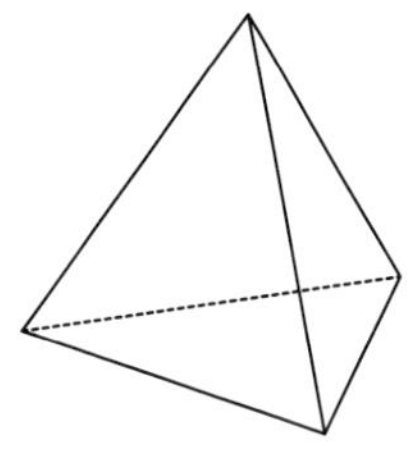

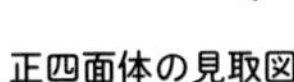

正四面体の見取図

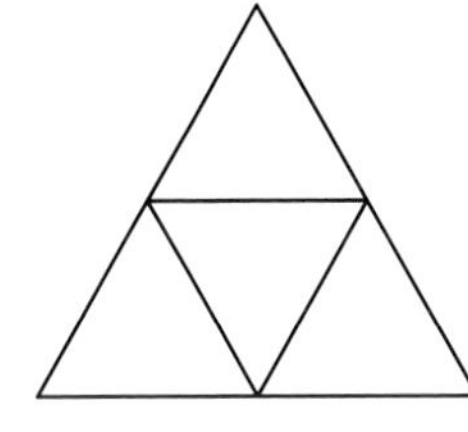

展開図①

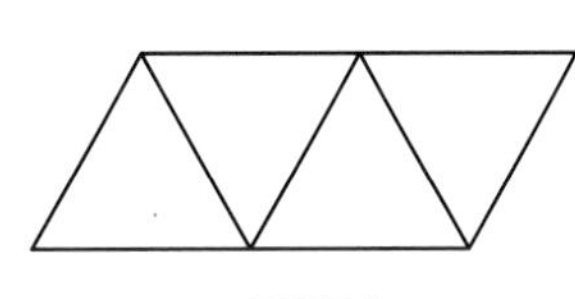

展開図②

正四面体を連結させてできている水戸芸術館のタワーの展開図（一部略）は、図1のようになります。

ここで、直線ℓ、mでまっすぐ折り曲げることで正三角柱を作ることができますが、タワーでは、くっつくはずの辺ABと辺A' B'の高さがずれています（図2）。ねじることで、正三角柱ではなく、図3の正四面体を連結させた形になります。

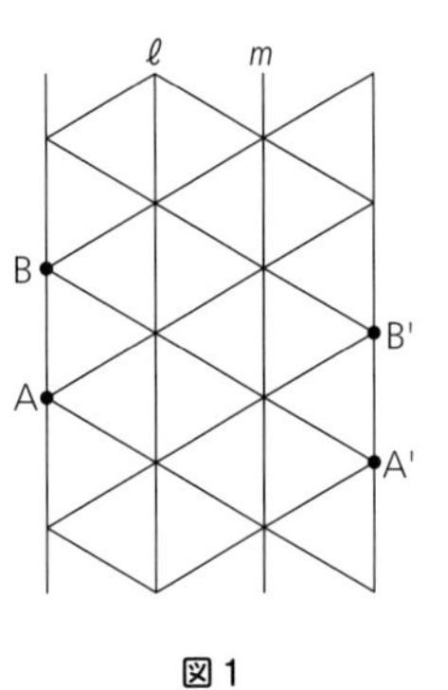

図1

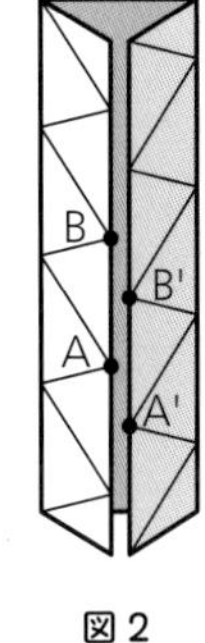

図2

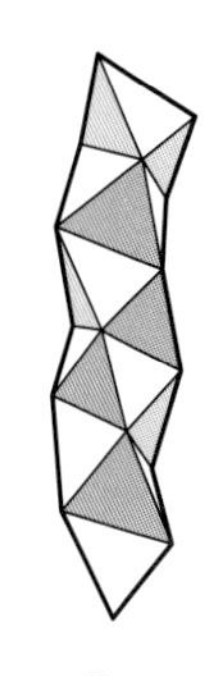

図3

図1：水戸芸術館のタワーの展開図
図2：直線ℓ、mでそのまま折った図
図3：AとA'、BとB' をくっつけた図（ねじれている）

これも考えてみよう！

多面体のうち、すべての面が合同な正多角形でできていて、各頂点に集まる面の数がすべて同じ立体を正多面体といいます。正多面体は全部で5種類しかありません。正多面体の面は、正三角形、正方形、正五角形のいずれかしかありません。その理由を考えてみましょう。

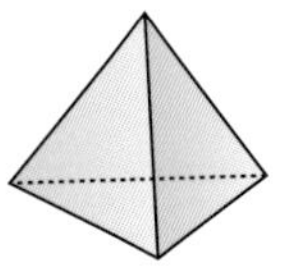

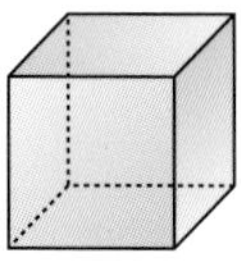
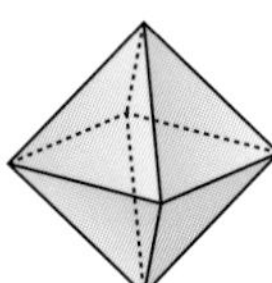
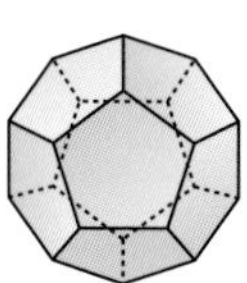
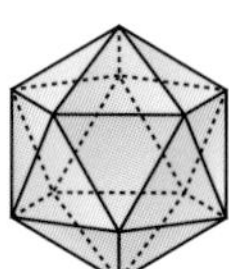

正四面体　正六面体　正八面体　正十二面体　正二十面体

こう考えるよ！ 理由は、次のように説明できます。１つの頂点に３つ以上の面が集まらないと立体はできません。しかし、1つの面が正七角形、正八角形、…の場合では、１つの角の大きさが120°以上となり、３つの面を集めると角の大きさの和が360°以上になってしまうから、３つ以上の面を集めることができません。

たとえば、正方形を3つ並べて立体を作ると正六面体の一部（69ページ 図4）になりますが、4つになると立体はできません（図5）。

［発展］数学のポイントを深掘り

正三角形を３つ並べる……
正四面体の一部（図１）

正三角形を４つ並べる……
正八面体の一部（図２）

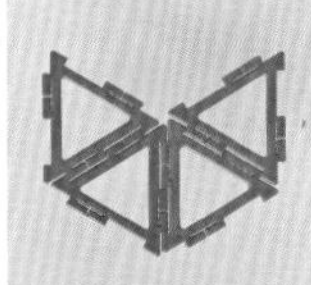
→

→

正三角形を５つ並べる……
正二十面体の一部（図３）

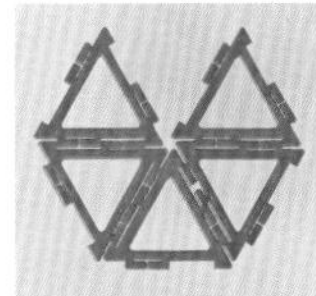
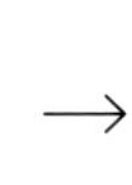
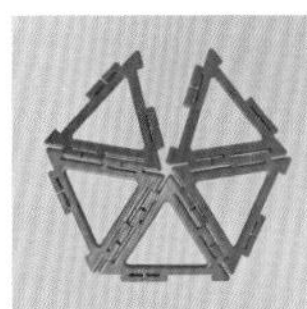
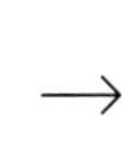

正方形を３つ並べる……
正六面体（立方体）の一部
（図４）

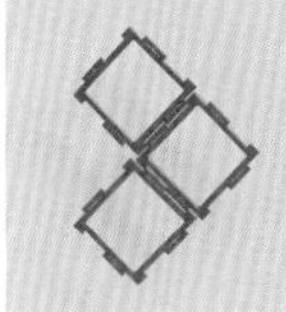
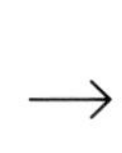
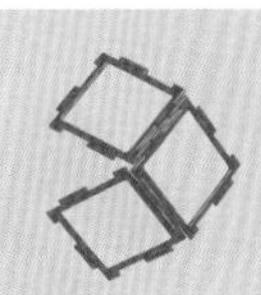
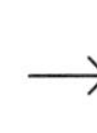

正方形４つだと立体は……
（図５）

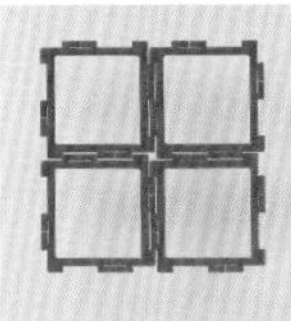

できない

正五角形を３つ並べる……
正十二面体の一部（図６）

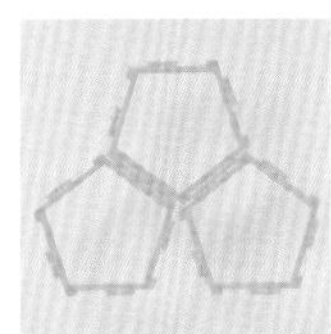
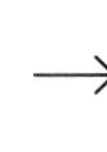
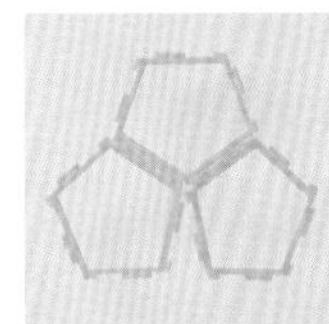

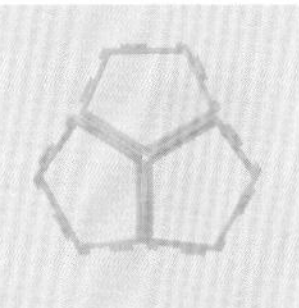

つまり、正多面体の面となる正多角形は、正三角形、正方形、正五角形の３種類しか考えられないことがわかります。

また、１つの頂点に集まる面の数は

- 正三角形では ３（正四面体）、４（正八面体）、５（正二十面体）
- 正方形では　３（正六面体）
- 正五角形では ３（正十二面体）

となります。

10 鹿児島の富士山

#回転体 #円錐 #二等辺三角形の性質

MITSUKERU SUGAKU

開聞岳

そうた

ああ、きれいな形の山だなぁ。ちょっと小ぶりな、富士山みたいだね。

ルーロー

まさに富士山だね。実は、そういう呼び名もあるんだよ。でもそうたさん、どうして富士山に見えちゃうんだろうね？

ここは、鹿児島県のJR西大山駅。JRの駅では、日本最南端なんだって。三角形の山がくっきり、きれいだね。

向こうに見えるのは、開聞岳という名前の山だよ。標高は924m。

それにしても、本当にキレイな三角形だ。富士山みたい。

いいところに気づいたね。実は開聞岳は「薩摩富士」とも呼ばれているんだ。でも、そうたさんはどうして「富士山みたい」だと思ったんだろう？

そうだなぁ。まず、山の形がキレイな二等辺三角形に見えるから。これは、富士山と共通しているよね。あとは……あっ、斜面の角度かな？

いい目のつけどころだね！　この山を二等辺三角形とみなして、おおよその角度を調べてみようか。写真を使えば、測りやすいよ。

OK！　これが写真だね。ええと、まず開聞岳の斜面の角度は、30°くらいだ。富士山の方は……あっ、やっぱり30°くらいだよ。なるほど。２つの山が、似て見えるわけだね。

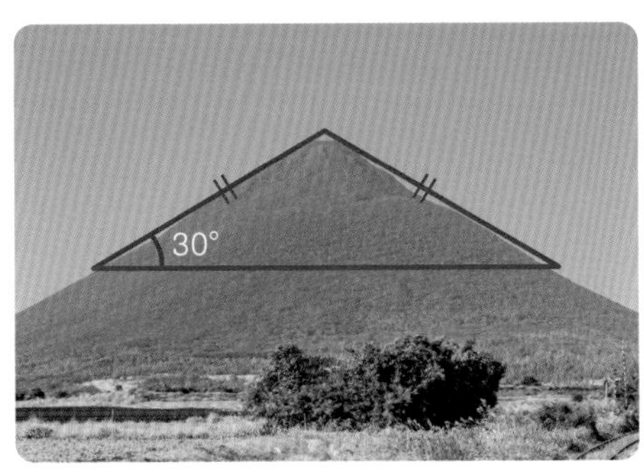

開聞岳

富士山

そう、横から見ると二等辺三角形。でもね、山を真上から見たら、どうかな。飛行機から撮(と)った、富士山の写真を見たことはある？

そういえば、富士山を真上から見ると、円形だよね。もしかして、火山だからかな？　てっぺんから吹き出した溶岩(ようがん)や火山灰が流れて、こんなにキレイな形になったのかも。

うん、確かにそれが、富士山の成り立ちだよ。そうたさん、さすがだ。さらに山を立体図形として考えるなら、直角三角形を360°回転させてできた、回転体に近い形と見ることもできる。つまり「円錐(えんすい)」だね。

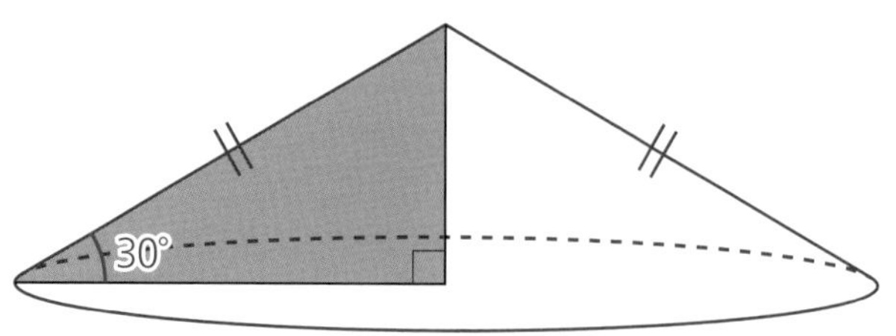

富士山って、平べったい円錐だったのか。なるほど！

開聞岳も上から見ると円形だし、円錐の形をしているよ。そして、このような富士山……つまり、「○○富士」と呼ばれる山は、全国に300以上もあるんだ。薩摩富士のほかに有名なのは、青森県の津軽富士（岩木山）や、北海道の蝦夷富士（羊蹄山）だね。

へぇえ、北海道にまで。鹿児島から北海道まで、日本中にびっしりと「富士山」が並んでいるんだね。羊蹄山って、北海道のどのあたりにあるんだろう。調べてみなくちゃ！

［発展］数学のポイントを深掘り

#小3算数（二等辺三角形）　#中1数学（空間図形・回転体）

図のように長方形ABCD、直角三角形ABC、台形ABCDをそれぞれ直線ℓを軸(じく)として1回転させてできるような立体を「回転体」といい、側面を描(えが)く線分ABを母線といいます。図1の立体は円柱、図2は円錐、図3は円錐台といいます。

図1：長方形の回転体
図2：直角三角形の回転体
図3：台形の回転体

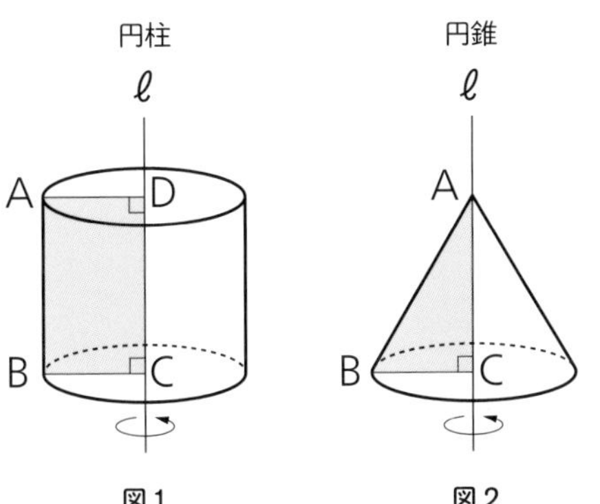

図1　図2

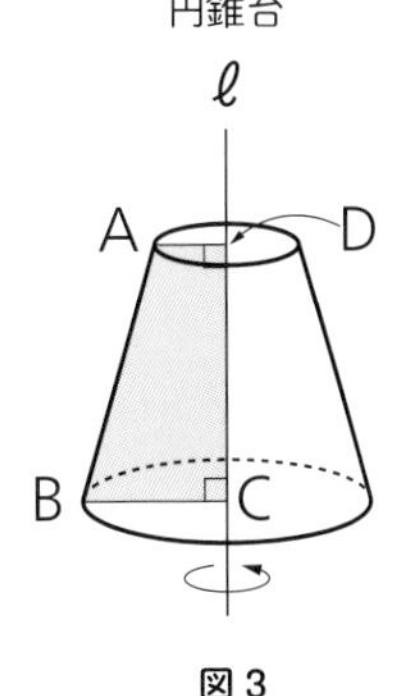

図3

木工ろくろで木を削(けず)って作るこけしや、ろくろで粘土(ねんど)を成形して作る陶芸作品(とうげいさくひん)なども回転体です。回転体を、回転の軸を含(ふく)む平面で切ってできる図形は、回転の軸を対称(たいしょう)の軸とする線対称な図形になります。

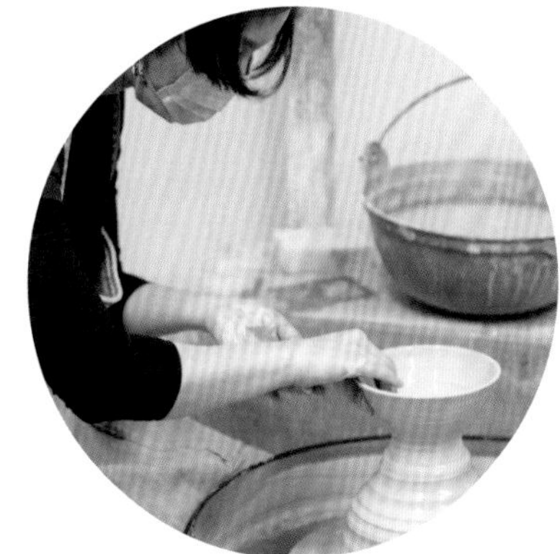

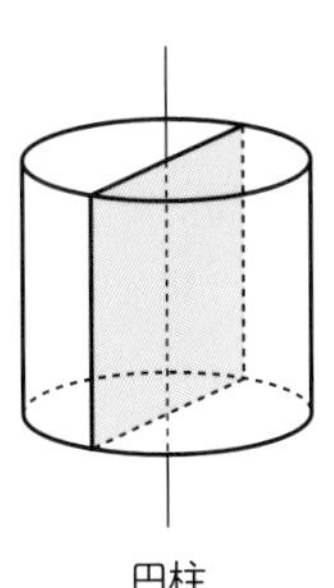

円柱

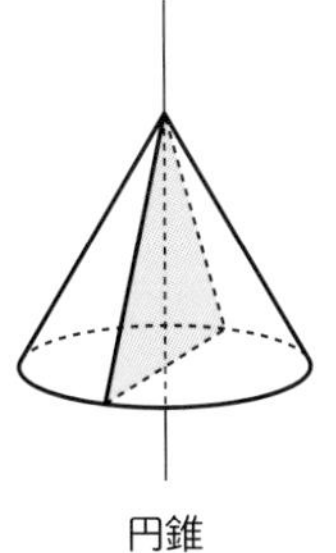

円錐

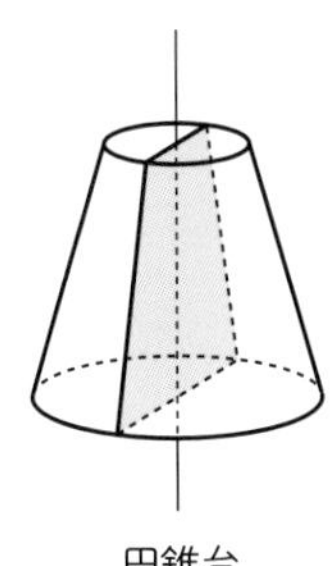

円錐台

また、回転の軸に垂直な平面で切ってできる図形は円となります。

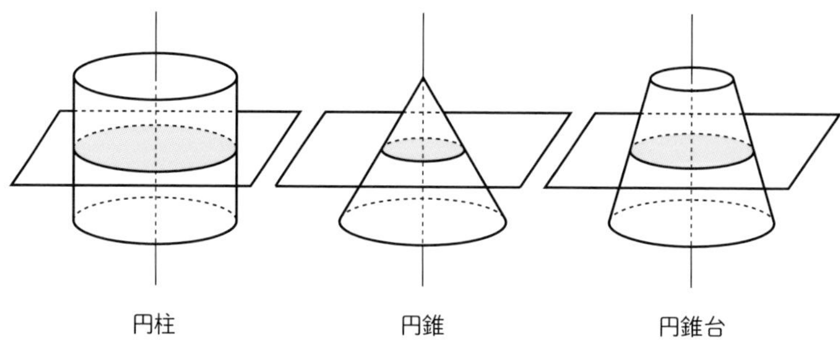

これも考えてみよう！

次の平面図形を直線ℓを軸として回転させるとどんな立体になるのか考えてみましょう。

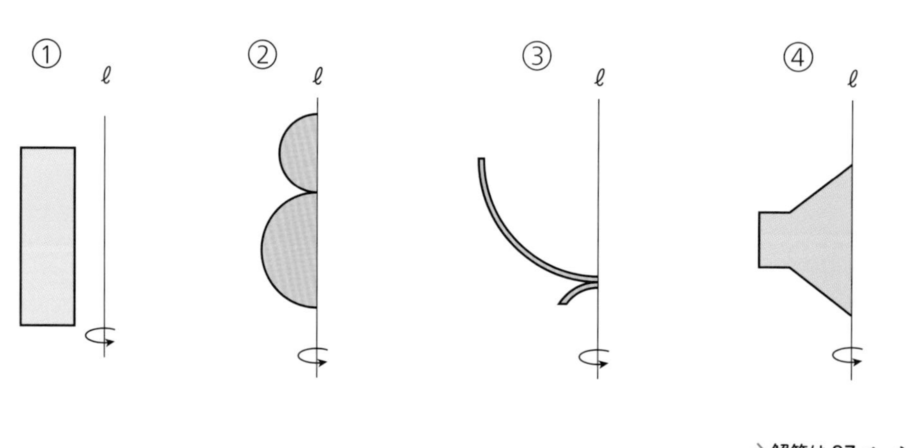

→解答は 97 ページ

11 大鍋「芋煮」は何人分？

#数学化　#相似な図形　#体積比

MITSUKERU SUGAKU

三代目鍋太郎

ひろと

あははははは。これはもう、笑っちゃうくらい大きな鍋だね。

ただの飾りじゃなくて、実際に使うものなんだ。ふつうの鍋とどれくらい違うか、考えてみる？

ルーロー

ルーロー、これが日本一の鍋なの？　いやぁ、大きいな。

鍋の名前は「三代目鍋太郎」。直径は6.5mだよ。

こんなに大きな鍋を、いったい何に使うの？

山形の秋といえば「芋煮会」だからね。みんなで川原に集まって、里芋やお肉をどっさり煮込んで食べるんだ。この鍋太郎は、毎年9月に開かれる「日本一の芋煮会フェスティバル」のために、2018年に作られたんだよ。

すごいスケールだ。何人分の芋煮が作れるのかな？　ふつうの鍋と、どう比べたらいい？　想像もつかないな。

そういえば、芋煮会でよくレンタルされる鍋サイズに「直径40cmで10人分」というのがあるんだって。これと比べてみようか？　鍋太郎の直径は、640cmと考えると計算しやすいよ。

直径40cm、10人分の鍋も、なかなかの大きさだ！　比べるには、ちょうどよさそうだね。ええと、まず鍋の直径の比は

$$40:640=1:16$$

これが相似比だね。体積比を考えるには、それぞれを3乗すればいいから

$$1^3:16^3=1:4096$$

になる。40cmの鍋が10人分にあたるわけだから

$$10\times4096=40960$$

えっ？　4万人分よりも、多いってこと？

2023年大会では、この鍋で作った芋煮を、約3万食に分けてみんなで食べたんだ。

あれ？　計算よりも少ないね。そういえばこの鍋太郎、ずいぶん平べったいからな。でもこれで、だいたいのイメージはつかめたぞ。

当日の調理は、まるで工事現場みたいにダイナミックだよ。もちろん、使うのは清潔に整備された機械だよ。次の芋煮会はみんなで行こう。待ち遠しいね！

［発展］数学のポイントを深掘り

#中3数学（相似比）

1辺の長さが2の立方体Ｐと、1辺の長さが3の立方体Ｑの表面積と体積を考えてみましょう。

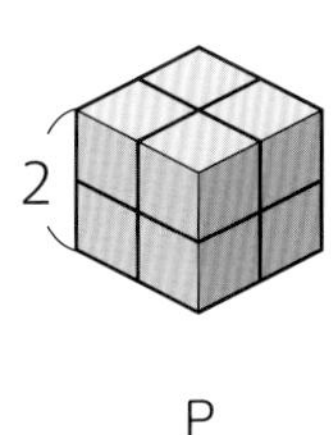

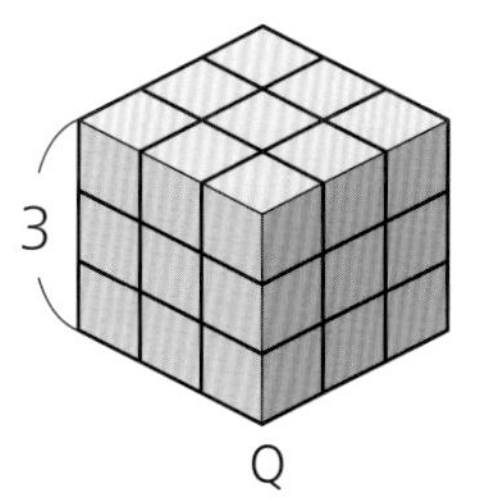

Ｐの表面積…$2\times2\times6=24$、Ｑの表面積…$3\times3\times6=54$より

（Ｐの表面積）：（Ｑの表面積）＝24：54＝4：9

Ｐの体積…$2^3=8$、Ｑの体積…$3^3=27$より

（Ｐの体積）：（Ｑの体積）＝8：27

相似比は対応する部分の長さの比なので、立方体ＰとＱの相似比は２：３です。
相似な立体では次のことが成り立ちます。
相似な立体では、表面積の比は相似比の2乗に等しく、体積比は相似比の3乗に等しい。
また、形が同じで大きさの違（ちが）う図形を、もとの図形と「相似」であるといいます。相似な図形では、対応する部分の長さの比はすべて等しく、対応する角の大きさはそれぞれ等しいという性質があります。

だから、相似比から体積比を求めることができるんだね。

芋煮の大鍋もふつうの鍋と同じ形だと思えば、相似として考えられるね。

相似比から、面積比や体積比を求められることがわかると、たとえば、ＭサイズとＬサイズのピザは、金額的にどちらが得なのかを考えることができます。
ピザを円とみなすことによって、数学の舞台（ぶたい）にのせることができるようになります。大鍋やピザのように、現実の場面を数学の対象として考察するためには、図形とみなすことが大切です。

面積あたりの金額で
くらべると……

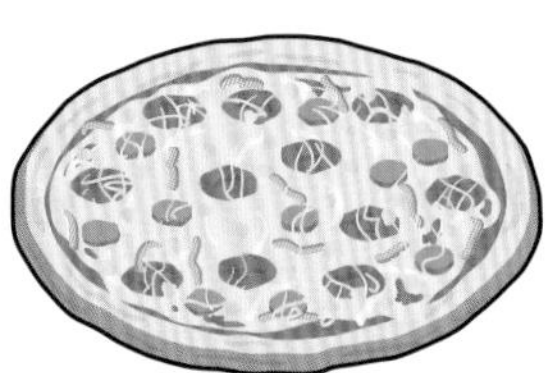
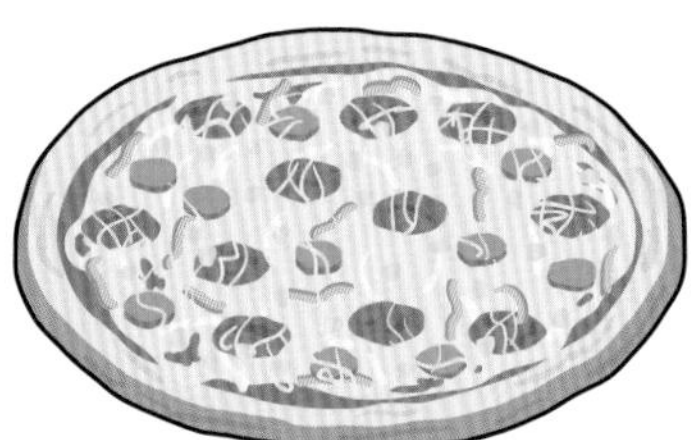

Ｍサイズ
直径 24cm
2200 円

Ｌサイズ
直径 36cm
3600 円

これも考えてみよう！

現実の場面を、数学の舞台にのせて考えることで、問題を解決できることがあります。数学で学ぶ「相似」は、三角形や四角形などの図形の相似だけではなく、世の中のさまざまなものの中に潜（ひそ）んでいます。数学の目で身の回りの「相似」な形を見つけ、多角的な視点で問題を見いだし、解決してみましょう。

こんな場所もあるよ
重ねて、１つになる器

12 渦潮を、作図してみる

#螺旋 #黄金比

鳴門の渦潮

はるか

うわー、渦巻きがぐるぐる！　台風の衛星写真みたい。

ルーロー

確かにそうだね。数学には、自然のさまざまな形を解き明かそうとしてきた、長い歴史もあるんだよね。

ここは徳島県の鳴門海峡です。海が渦巻いてる！　大迫力だ。ルーロー、すごいながめだねぇ！

これが鳴門の渦潮だよ。鳴門海峡は幅が狭くて、潮の満ち引きのたびに、激しい川みたいな流れが起こるんだ。そして、最大でおよそ時速20kmになる速い流れとその両側の遅い流れの間に、渦が発生する。渦の大きさは、直径20mになることもあるんだって。

衛星写真で見る、台風の渦巻きみたいだな。こんなにきれいな渦巻きが、自然にできるんだから不思議だね。

確かに！　台風に似ているよね。渦巻き模様のもの、他にも何か思いつく？

ええと……あっ、そうだ。巻き貝は？　アンモナイトやオウムガイも、渦巻きだね。身近なところでは、蚊取り線香とか。でも、蚊取り線香の渦巻きは、渦潮や台風の渦巻きとは少し違う気もするな。何が違うんだろう？

さすがはるかさん、するどい気づきだね。実は、曲線の種類が違うんだよ。外側ではゆるかったカーブが、中心に向かうにつれてクルクルとキツくなっていくのが、渦潮や台風の曲線。でも、蚊取り線香の曲線は、螺旋の幅が一定だよ。名前もかっこよくて、「アルキメデスの螺旋」というんだ。

「アルキメデスの原理」の、アルキメデスかな？

その通り！　アルキメデスは、螺旋の研究もしていたんだね。一方、台風や渦潮の曲線は「等角螺旋」と呼ばれているよ。

等角螺旋

台風

渦潮

アルキメデスの螺旋

蚊取り線香

へえぇ。渦巻きにも種類があるのか。自分でかいてみたいな。かいてみれば、もっと仲良くできるというか……納得できそうな気がするんだよね。作図できるかな。たとえばアルキメデスの螺旋は、幅が一定。つまり等間隔（とうかんかく）だよね。コンパスを、うまく使えないかな？　うーん……。

いいね、はるかさん。コンパスを使ってアルキメデスの螺旋に似た曲線をかくことができるよ。この図を見て！　まず、点Aを中心に、半径ABの半円をかくよ。それから、中心を点Bに変えて、今度は半径BCの半円をかく。

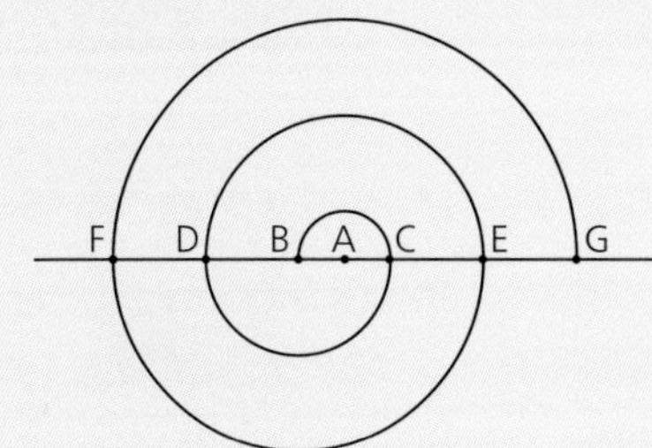

なるほど！　次は、また点Aを中心として、半径ADの半円をかくんだね。ABの長さを1とすると、半円をかくたびに、半径が1ずつ増えていく。これなら、螺旋の幅がほぼ等間隔になるね。

もっと正確にかくなら、糸巻を使った、こんな方法もあるよ。

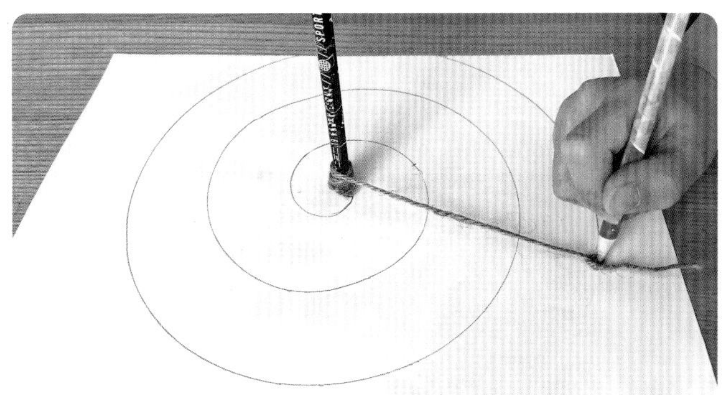

このやり方、いいね！　やってみたくなる。じゃあ、この渦潮の曲線、等角螺旋の方は？　もう少し難しそう。

ヒントは「黄金比」だよ。帰ったら調べてみて。数学者たちは昔から、自然の中の不思議な形を、さまざまに解明してきたんだね。

#中3数学（黄金比）

渦潮のような螺旋を近似的にかいてみよう

① １辺の長さが１の２つの正方形をつないで長方形を作る。

② その長方形の長い辺を1辺とする正方形をつないで長方形を作る。

③ 同じように長方形の長い辺を1辺とする正方形をつないで長方形を作ることをくり返す。

④ 正方形の中に中心角90°のおうぎ形（円の$\frac{1}{4}$）をかく。

フィボナッチ数列を１辺とする正方形と螺旋

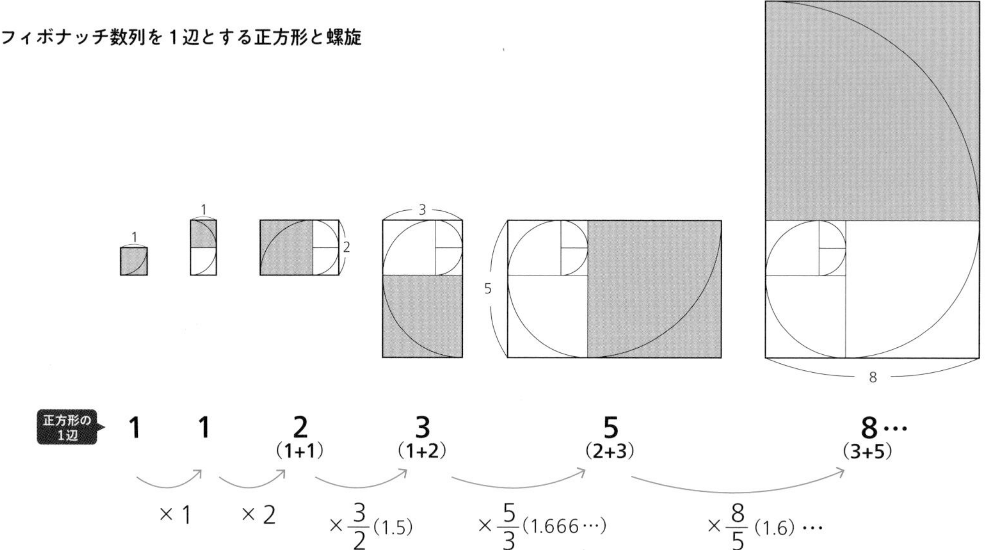

正方形の1辺　1　1　2 (1+1)　3 (1+2)　5 (2+3)　8… (3+5)

×1　×2　$\times\frac{3}{2}$(1.5)　$\times\frac{5}{3}$(1.666…)　$\times\frac{8}{5}$(1.6)…

このとき、正方形の1辺は1、1、2、3、5、8、…となり、どの数も、前の2つの数を足したものが、次の数となります。たとえば、8の次の数は5＋8で13です。この数の並びを「フィボナッチ数列」といいます。無限にくり返すと、となり合う2つの数の比が1：1.618…に近づいていきます。この比は黄金比*と一致します。

＊新書判の本やICカードなどの短い辺と長い辺の比は、1：$\frac{\sqrt{5}+1}{2}$で、これが「黄金比」と呼ばれています。黄金比は、ギリシャ時代からもっとも調和のとれた比と考えられています。

13 大吊り橋の、強さの決め手

#2次方程式 #多項式

MITSUKERU SUGAKU

明石海峡大橋

海を渡る、長い長〜い橋。しかも吊り橋だ。こんなに長くて重たいものが、ぶら下がっているってこと？

ゆうな

ケーブルで吊られているんだ。どれくらい丈夫に造られていると思う？　ゆうなさん、これはね、ちょっとした見ものだよ。

ルーロー

これが兵庫県の「明石海峡大橋（あかしかいきょうおおはし）」。開通したのは、1998年だよ。出来てからずいぶん長い間、世界一長い吊り橋（つりばし）としてギネス記録に認定されていたんだ。2022年に、世界で2番目の長さになったんだけどね。*

つい最近まで、世界一だったんだ。でも、柱に渡したケーブルで橋が吊られているなんて。まさか、切れたりしないよね。

支柱から支柱に渡されているのが、メインケーブル。これはもちろん、とんでもなく丈夫（じょうぶ）に造られているよ。太さは、なんと直径1mを越（こ）えるんだ。

ええっ、太さが？　いったい、どんな構造なんだろう。

1本で3t以上の重さを支えることができる強いワイヤーを、たくさん束ねているんだ。まず、127本を束ねる。これをストランドと呼ぶんだけど、このストランドを、さらに290本も束ねるんだって。

ええとつまり……1本のケーブルは

127×290 ＝36830

36830本ものワイヤーでできているというわけね。

その通り！　ちょうどそこに、ケーブルとストランドの断面図があるよ。

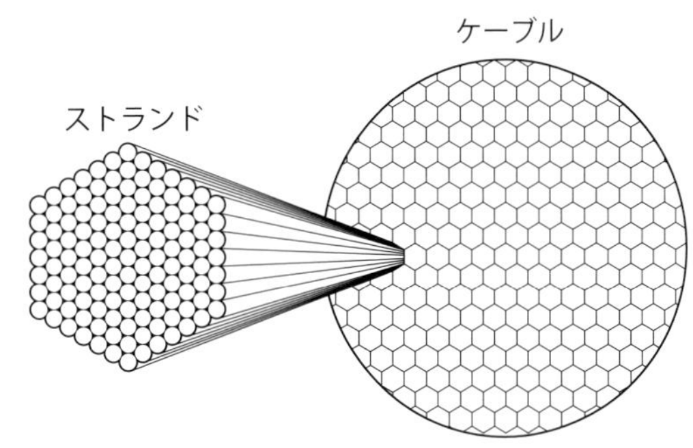

うわあ、ギチギチ、みっしり！　これなら、丈夫そうだね。なんだか蜂（はち）の巣（す）みたい。

＊明石海峡大橋／兵庫県。全長は 3911m、中央支間は 1991m。2022 年、トルコのダーダネルス海峡に主塔間距離（しゅとうかんきょり） 2023m の吊り橋が完成。世界第２位の長さとなった。

等しい大きさの円を、なるべく隙間がないように並べると、蜂の巣状になるんだ。正六角形に並ぶように、きっちり規則的にワイヤーが束ねられているね。

正六角形か。細かく見ると、まず真ん中のワイヤーを6本のワイヤーで囲んで、そのまた周りを12本で囲んで、またまた周りを18本で囲む形だ。確かに規則性があるね。1本のストランドには、127本のワイヤーが使われているんだっけ。いったい何層でできているのか、計算できそうだな。

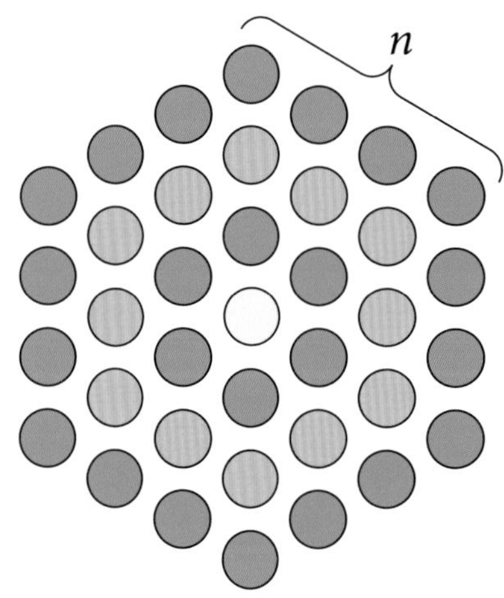

なるほど。図を見て数えるだけじゃなくて、計算しちゃう？いいね！

こんなふうに考えたら、どうかな。n層目までのワイヤーの本数は

$$1+6+12+18+\cdots$$
$$=1+6\times1+6\times2+6\times3+\cdots+6(n-1)$$
$$=1+6\{1+2+3+\cdots+(n-1)\}$$

あれ？　この後は、どうしたらいいかな。

すごくいいところまで来てるよ、ゆうなさん。
よーし！　ヒントだ。

$$1+2+3+\cdots+(n-1)$$
$$=\frac{1}{2}(n-1)n$$

が成り立つよ。

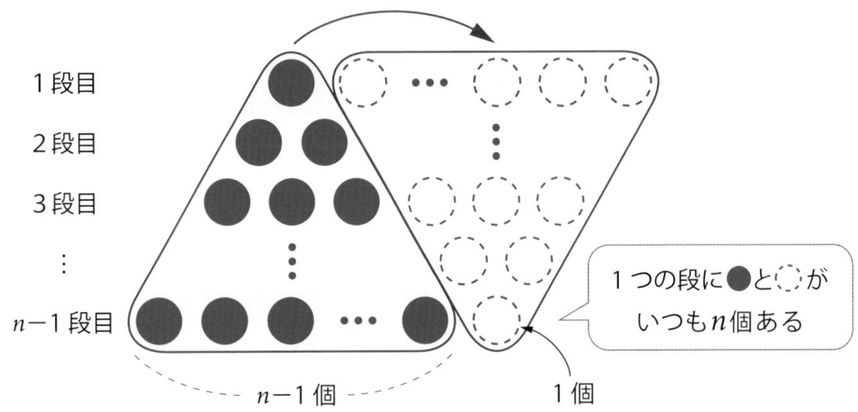

あ、なるほど。それじゃあ、さっきの式を、さらに変形して

$$1+6\{1+2+3+\cdots+(n-1)\}$$
$$=1+6\left\{\frac{1}{2}(n-1)n\right\}$$
$$=1+3(n-1)n$$

n層目までのワイヤーの本数は、$1+3(n-1)n$本になるね。1本のストランドには127本のワイヤーが並んでいるわけだから、2次方程式

$$1+3(n-1)n=127$$

を解いて

$$n=7,\ n=-6$$

もちろんnは正の整数だから

$$n=7$$

答えは、7層だ！

素晴らしい。ゆうなさん、バッチリだ！　ほかの見方もできるよ。たとえば、真ん中のケーブルの周りを、6個の三角形が囲んでいると見てみるのはどう？　この場合は、どんな式になるかな。いろいろ、考えてみよう！

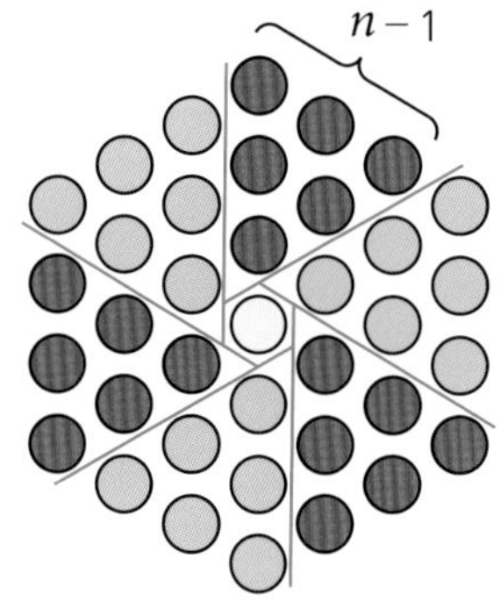

#中3数学（多項式）

吊り橋のストランドのように、中心の1点を囲むように6、12、18……と順に六角形に囲む点の数を「中心つき六角数」または「ヘックス数」といいます。

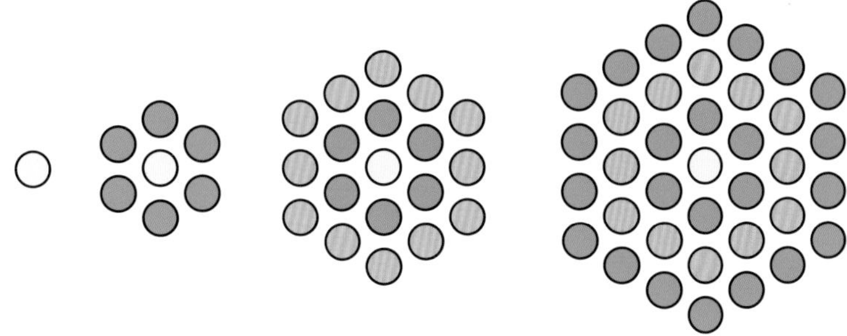

ヘックス数の点をじっと見ていると、何となく立方体の見取り図のように見えるね。

六角形の点を立方体として考えて、ヘックス数を求められるかな。

注意しなければならないのは、ヘックス数が配置されているのは手前に見える3面のみなので、裏側の1回り小さい立方体をくりぬく必要があります。したがって、n番目のヘックス数は、$n^3-(n-1)^3$で求められます。

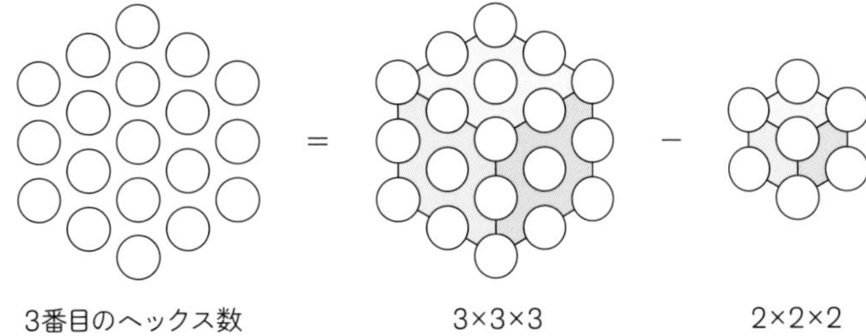

図：立方体から１回り小さい立方体をくりぬく図

これも考えてみよう！

n番目のヘックス数を求める式$n^3-(n-1)^3$と本文の「$1+3(n-1)n$」が等しいことを確かめてみましょう。

こう考えるよ！

まずはn番目のヘックス数を求める式$n^3-(n-1)^3$について考えてみましょう。

$(n-1)^3$を展開すると、

$$
\begin{aligned}
(n-1)^3 &= (n-1)^2\times(n-1)\\
&= (n^2-2n+1)(n-1)\\
&= n^3-n^2-2n^2+2n+n-1\\
&= n^3-3n^2+3n-1 \qquad \cdots①
\end{aligned}
$$

$$(n^2-2n+1)(n-1)=\underset{①}{\underline{n^3}}\underset{②}{\underline{-n^2}}\underset{③}{\underline{-2n^2}}\underset{④}{\underline{+2n}}\underset{⑤}{\underline{+n}}\underset{⑥}{\underline{-1}}$$

次に①を$n^3-(n-1)^3$に代入すると、

$$
\begin{aligned}
n^3-(n-1)^3 &= n^3-(n^3-3n^2+3n-1)\\
&= 3n^2-3n+1\\
&= 1+3(n-1)n
\end{aligned}
$$

となり、n番目のヘックス数を求める式$n^3-(n-1)^3$と本文の$1+3(n-1)n$が同じ式になることがわかりました。

公式化することで、10番目のヘックス数を求めたり、何番目のヘックス数なのかを求めたりすることが簡単にできます。

解答

これも考えてみよう！

4 頭の上を泳ぐクジラ？（p.34）

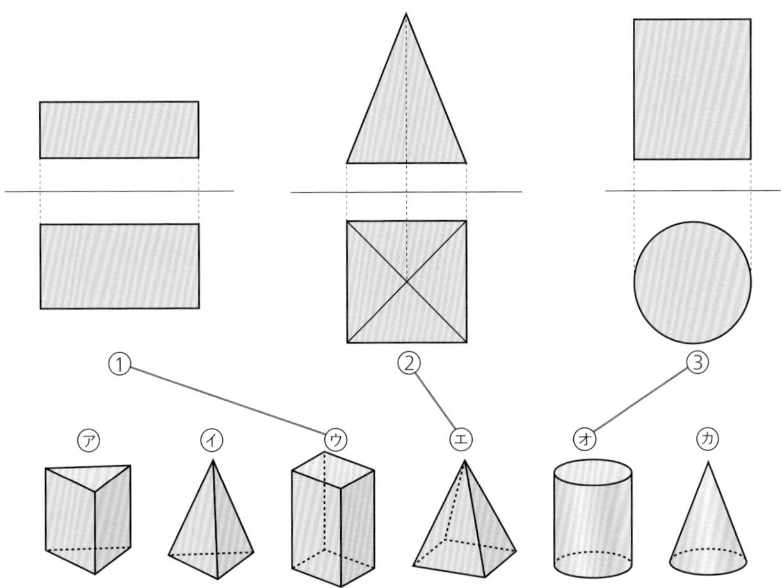

10 鹿児島の富士山（p.76）

これからも旅は続きます

ルーローといっしょに行った場所を地図の上で見てみよう。実はこの本には載(の)っていないスポットもたくさんあるんだよ。

16

11

9

A

C

この本で取り上げた記事

1 こんもりなまこ壁 岡山県倉敷市
2 富士山を測るには? 山梨県南都留郡
3 絶壁のような坂道 島根県松江市
4 頭の上を泳ぐクジラ? 大阪府大阪市
5 昆虫の森のガラス屋根 群馬県桐生市
6 アンテナはパラボラ 長野県南佐久郡
7 札幌の街はまかせて 北海道札幌市
8 夕日をピタリとはめるには 和歌山県西牟婁郡
9 空に上っていくタワー 茨城県水戸市
10 鹿児島の富士山 鹿児島県指宿市
11 大鍋「芋煮」は何人分? 山形県山形市
12 渦潮を、作図してみる 徳島県鳴門市
13 大吊り橋の、強さの決め手 兵庫県神戸市

「これも考えてみよう」で紹介した記事

14 模様のヒントは、竹細工 大分県大分市
15 巨大なお金に会える場所 香川県観音寺市
16 どっちへ歩く? 人間将棋 山形県天童市
17 重ねて、1つになる器 京都府京都市

こんな記事もあるよ!

Ⓐ どこまで届く? 灯台の光 千葉県銚子市
Ⓑ 川にかかる大きなメガネ 長崎県長崎市
Ⓒ 太い柱の断面図 沖縄県島尻郡

わたしたちの冒険「今週の算数・数学フォト」は、算数・数学ポータルサイト「math connect(マスコネクト)」で連載中。これまでの記事も、ぜひ見てみてね。

装丁＋デザイン　山田和寛＋工藤俊佑＋佐々木英子＋竹尾天輝子（nipponia）
本文写真撮影　山出高士（p.9-12, 69, 79, 83-84, 86, 89, 91）
写真提供　国立天文台、PIXTA、毎日新聞社、水戸芸術館、山梨県立富士山世界遺産センター
写真撮影協力　大阪市立自然史博物館、群馬県教育委員会、城 隆史、片貝雄士、永倉裕一郎
図版作成　熊アート、吉田智美
編集協力　清遠敦子、佐々木彩子、西原 剛、小池彩恵子、柴原瑛美

見(み)つける数学(すうがく)

2024年 8月 8日　第1刷発行

著者　大野寛武(おおのひろむ)
キャラクターイラスト　北村(きたむら)みなみ

発行者　渡辺能理夫
発行所　東京書籍株式会社
〒114-8524　東京都北区堀船2-17-1
電話　03-5390-7531（営業）、03-5390-7515（編集）

印刷・製本　TOPPANクロレ株式会社

ISBN 978-4-487-81687-3　C0041　NDC410

出版情報　https://www.tokyo-shoseki.co.jp